KB009399

배는 어디에서 자나요?

배는 어디에서 자나요?

항구, 그리고 항구를 지키는 방파제

초판 3쇄 발행일 2022년 10월 17일
초판 1쇄 발행일 2012년   7월 25일

지은이 오영민 · 한정기
펴낸이 이원중

펴낸곳 지성사 **출판등록일** 1993년 12월 9일 **등록번호** 제10 – 916호
주소 (03458) 서울시 은평구 진흥로 68, 2층 **전화** (02) 335 – 5494 **팩스** (02) 335 – 5496
홈페이지 www.jisungsa.co.kr   **이메일** jisungsa@hanmail.net

ⓒ 오영민 · 한정기 2012

ISBN 978 - 89 - 7889 - 258 - 2 (04400)
ISBN 978 - 89 - 389 - 168 - 4 (세트)

잘못된 책은 바꾸어드립니다. 책값은 뒤표지에 있습니다.

이 도서의 국립중앙도서관 출판시도서목록(CIP)은 CIP 홈페이지(http://www.nl.go.kr/ecip)에서
이용하실 수 있습니다. (CIP제어번호: CIP 2012003217)

배는 어디에서 자나요?

항구, 그리고 항구를 지키는 방파제

오영민
한정기
지음

지성사

■차례

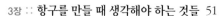

　사람들은 오래전 옛날부터 배를 이용해 사람과 물건을 날랐습니다. 지금은 육지와 섬 사이에도 다리가 놓여 배를 타지 않고 왕래할 수 있는 곳이 많아졌지만 옛날에는 배가 없으면 오갈 방법이 없었습니다. 국가 간의 무역이나 왕래를 할 때도 바닷길로 가면 이동하는 거리가 줄어들고 대규모로 이동할 수 있어 배를 이용하는 경우가 많았습니다. 백제시대에 중국과 거래할 때도 육지로 가는 것보다는 배로 서해를 가로질러 가는 것이 시간도 절약되고 경제적으로도 유리했습니다. 조선시대에도 일본으로 조선통신사를 파견하거나 교류를 할 때에 배를 타고 갔습니다.

　"해양을 지배한 민족이 세계를 지배한다."는 말이 있는데, 이 말은 예나 지금이나 두루 지지를 받는 말입니다. 그

옛날 스페인이나 영국이 배를 이용하여 신대륙을 발견하고 아프리카와 인도를 식민지로 만들었던 것처럼 지금도 선진 국들은 대규모 상선은 물론이고 항공모함과 핵잠수함, 이지 스함 같은 해군 군사력을 앞세워 세계를 호령하고 있습니다.

항구는 배가 드나들며 사람과 화물을 싣고 내리거나 정 박할 수 있도록 알맞은 시설을 갖춘 곳입니다. 따라서 해상 교통과 육상 교통을 이어주며, 국내 교통망을 해외 교통망으 로 연결시켜 주는 곳이기도 합니다. 우리나라와 같이 외국에 서 원재료를 수입해 국내에서 물건을 만든 다음 이를 다시 외국에 내다 파는, 즉 수출을 국가 경제 성장의 주축으로 삼 고 있는 나라는 항구가 매우 중요한 재산입니다. 그동안 우 리나라의 눈부신 경제 성장을 이끌어 온 바탕에는 항만의 건설과 시설 확충 등에 힘을 쓴 노력이 숨어 있습니다.

흔히 항구와 항만은 명확히 구분하여 사용하지는 않습니다. 그러나 사전을 찾아보면 항구는 "배가 안전하게 드나들도록 바닷가에 부두 따위를 설비한 곳"이라 되어 있고, 항만은 "바닷가가 굽어 들어가서 선박이 안전하게 머물 수 있고 화물 및 사람이 배로부터 육지에 오르내리기에 편리한 곳 또는 그렇게 만든 해역"이라 되어 있습니다. 항구가 배의 입출항 기능에 초점을 맞추고 있다면, 항만은 지형적 요건과 정박, 물류 등 좀 더 복합적인 기능에 중점을 둔 것입니다. 항구 또는 항만을 뜻하는 영어 단어 'port', 'harbor'는 항구라는 기본 뜻 외에 피난처, 은신처라는 의미도 지녀 항구의 기능을 간접적으로 설명하고 있습니다.

육상의 버스 터미널에서 버스들이 운행 준비를 하며 대기하듯이 선박의 터미널이라 할 항구에서는 배들이 닻을 내리고 쉬기도 하고 다음 운항을 준비하기도 합니다. 또한 각 항구마다 가진 고유의 성격대로 특유의 기능을 갖추고 있을 뿐만 아니라 사람들이 바다를 바라보면서 편히 쉬거나 놀이를 할 수 있는 공간을 제공하기도 합니다.

국토의 삼면이 바다와 접해 있는 우리나라는 조금만 이동하면 바다와 만나게 되고 크건 작건 항구를 볼 수 있습니다. 이렇듯 바로 우리 곁에 있는 항구의 다양한 기능과 그 속에 숨어 있는 과학을 탐구해 보는 건 무척 흥미로울 것입니다. 이 책의 주인공인 구만이와 삼촌이 여러분을 새로운 세계로 안내해 줄 겁니다. 자, 여러분 떠날 준비됐나요?

1장
우리나라의 항구

"아휴, 뭘 하지? 바다와 연관된 것이 어디 한두 가지라야 말이지. 쉬우면서도 재밌게 할 수 있는 게 뭐 없을까?"

과학 선생님이 내어준 「바다와 연관된 탐구 활동」 과제 때문에 구만이는 고민이 이만저만이 아니다. 평소 바다에 관심은 많았지만 막상 탐구할 대상을 정하려니 영 쉽지가 않기 때문이다.

"야, 항구! 어딜 가? 오늘 2반이랑 농구 시합하기로 했잖아."

짝인 경수가 구만이의 별명을 부르며 달려왔다. 친구들은 황구만이란 이름보다 항구라는 별명으로 더 많이 불렀다. 구만이도 그 별명이 그다지 싫지 않았다. 학교나 집에서도 훤하게 내려다보이는 부산항. 늘 항구를 보며 살다 보니 항구라는 별명까지도 친숙하게 느껴졌다. 그런데 경수가 별명을 부르는 순간 반짝! 아이디어가 떠올랐다.

"미안! 오늘은 집에 일이 있어서 일찍 가 봐야 해. 내가 없다고 기죽지 말고 시합 잘해!"

구만이는 경수를 뒤로 하고 교문을 향해 달려갔다.

"그래, 항구야! 그걸 하면 되겠네! 짜식, 정말 영양가 있는 친구라니까. 하하하하."

오늘은 아버지가 오시는 날이다. 아버지는 화물을 실어 나르는 컨테이너선 선장이다. 일 년 만에 만나는 아버지. 구만이는 가슴이 뛰었다. 멀리 부산항이 보였다. 저 항구 어디쯤에 아버지가 몰고 온 배가 정박해 있을 것이다. 항구에 관해서라면 누구보다 잘 알고 계실 아버지가 지금 집에서 자기를 기다리고 계신다고 생각하니 구만이는 어깨에 날개라도 단 것 같았다.

배가 드나들거나 정박해 있기도 한 일반적인 항구의 모습

우리나라 항구의 역사

"아빠, 항구는 맨 처음 어떻게 만들어졌나요?"

"처음 항구를 만들 때는 해안의 높은 절벽 사이에 깊숙이 들어간 좁은 만이나 하천 같은 자연조건을 이용했었지. 그런데 배의 크기가 점점 커지고 해상 무역이 번성하게 되자 자연조건에만 의존하기보다는 사람의 힘으로 주어진 환경을 고쳐 보려는 노력을 하게 되었단다. 그 첫 번째가 해안을 따라 말뚝을 박아 한 척의 배라도 더 접안할 수 있도록 만든 거였지."

"자료를 찾아보니까 최초로 인공 항구를 만든 민족은 페니키아 사람Phoenician들이래요."

"내 기억이 정확하다면 BC 2500년 무렵 티루스Tyre, 지금의

레바논 남쪽의 티레 해안에 처음으로 인공 항구를 건설했을 거야."

"맞아요! 페니키아 사람들은 항만을 건설하기 위해 구리

조임쇠로 큰 돌뭉치를 만들어 썼다고 했어요."

"알파벳의 기원이 된 문자를 발명해 쓸 정도로 문명을

발달시킨 민족이었으니 그 정도는 충분히 만들 수 있었을 거

야."

페니키아 사람들이 항구를 만드는 모습

"제가 아주 흥미로운 사실을 확인했는데요, 세계 최초의 등대인 파로스 등대가 있는 이집트의 알렉산드리아 항구는 BC 300~200년 무렵에야 건설되었더라구요."

"알렉산드리아 항구는 이집트 제1의 무역항이지. 유럽의 주요 항구들이 중세5~15세기 무렵에 형성된 것에 비하면 그 것도 매우 빠른 편이라 할 수 있어. 참고로 중세에 건설된 유럽의 런던 항, 로테르담 항, 함부르크 항 등은 활발한 무역활동으로 주변 지역까지 번영시켜 대항해시대를 열고 신대륙의 발견과 이주, 식민지 개척의 본거지 역할을 톡톡히 했단다. 그런가 하면 미국의 뉴욕 항, 보스턴 항, 발티모어 항, 워싱톤 항, 뉴올리언스 항 등은 미국 이주 초기에 건설되었는데, 모두 천혜의 지리적 여건을 잘 살린 멋진 항구들이지."

"아빠는 말씀하신 그 항구에 다 가 보셨어요?"

"그럼, 난 오대양 육대주를 누비는 바다 사나이잖니! 핫핫하하."

"저도 꼭 아빠처럼 전 세계의 항구를 다 돌아다녀 볼 거예요. 아빠, 이건 제가 과학 과제로 「우리나라의 항구」에 대해서 조사한 건데 좀 봐 주세요."

"흐음, 어디 한번 볼까?"

"우리나라는 삼국시대부터 대외 교역을 위한 항구가 있었대요. 중국과 연결된 육로가 고구려에 막힌 신라와 백제가 서해 횡단 항로를 개척하면서 서해와 남해 연안에 작은 항구를 만들기 시작한 거예요. 통일신라 때에는 장보고의 해상 교역 활동의 본거지였던 청해진지금의 완도군 완도읍 장좌리 일대이 항구로서 중요한 역할을 했고요."

"장보고에 관한 드라마도 있었지? 아빠도 무척 흥미롭게 봤는데……."

"헤헤, 그러셨어요. 그런데 고려와 조선시대에는 중국과 육로를 통해 외교나 교역 활동이 이루어져서 항구는 크게 성장하지 못했대요."

"꼭 그랬던 것만도 아니야. 고려를 세운 태조 왕건王建은 해상 무역을 하던 호족이라 왕이 되어서도 중국 송宋나라와의 해상 무역을 장려했단다. 그 덕에 예성강 하류의 예성항이 대외 무역항으로 크게 번성했지. 조선시대에는 남해의 부산포, 제포지금의 진해와 동해의 염포지금의 울산 같은 항구가 일본과 교역하기 위해 열렸단다. 물론 근대의 항구는 1876년 일본과 강화도조약을 맺고 부산1876년, 원산1880년, 북한, 인천1883년 항을 개항하면서 형성되었다고 볼 수 있지."

"개항이란 말 그대로 항구를 연다는 뜻이지요?"

"그래. 개항이란 통상을 위해 항구를 개방하여 외국 선박이 출입할 수 있도록 허가해 주는 것을 말해. 우리나라는 개항한 뒤부터 서양의 문물을 받아들였단다. 그런 점에서 근대화 과정에서 항구는 중요한 역할을 한 셈이지."

"저도 그 자료, 찾았어요. 우리나라는 개항 이후부터 항구도시들이 생겨나기 시작했다는……."

"그래, 부산, 원산, 인천에 이어 목포, 군산, 마산, 북한의 진남포^{평안남도}, 용암포^{평안북도}, 신의주^{평안북도}, 다사도^{평안북도},

개항

성진함경북도, 청진함경북도, 나진함경북도, 웅기함경북도, 해주황해도 등이 개항하고 나서 발달한 항구도시들이지. 일본이 우리나라를 강제로 점령했을 때는 공업항이나 전략 요지로 흥남함경남도, 포항, 진해, 여수 항 등을 개발했지. 또 일본으로 곡식을 운반해 가거나 대륙을 침략하기 위한 교두보로 삼기 위하여 항구를 개량하거나 확장하기도 했었단다."

"어휴! 항구가 그런 용도로도 이용되는군요!"

"육지가 끝나고 바다로 나가는 출발점이 되는 곳이니 당연한 일이겠지."

"그런데 광복 이후 한동안은 눈에 띄게 발달한 항구가 없었던 거 같아요."

"정치도 어지러웠고 동족끼리 전쟁도 치르는 등 혼란기였으니까. 그러다 1962년 경제사회발전개발 5개년계획을 계기로 다시 활발하게 항구를 개발하기 시작했단다. 특히 포항과 마산은 주변에 공업 단지가 만들어진 뒤 크게 성장했고 광양이나 동해 같은 공업항도 새로 건설되었지. 다른 나라에 비해 자원이 부족한 우리나라가 세계적 무역 대국으로 성장한 데는 1960년대 이후 적극적으로 추진한 항만 개발이 바탕이 되었다고 할 수 있단다."

삼면이 바다인 우리나라

"아빠, 우리나라는 삼면이 바다로 둘러싸여 있잖아요.
제 생각에는 곶과 만이 발달한 리아스식 해안인 남해안과 서
해안이 특히 항구를 만들기 쉬웠을 것 같아요."

"그렇단다. 남해안과 서해안은 항구가 만들어지기에 아
주 유리한 천혜의 입지 조건을 갖추고 있지."

"특히 섬이 많은 다도해인 남해안은 수심이 비교적 깊고
조석 간만의 차이가 적어 항구를 건설하기에 여러 면에서 최
고 좋은 조건을 갖추고 있대요."

"맞아! 반면에 동해안은 수심이 깊고 조석 간만의 차는

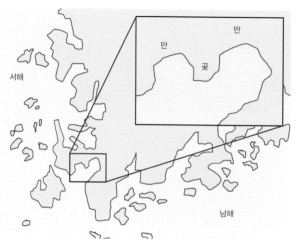

서해안과 남해안에 발달한 곶과 만

적은데 해안선의 굴곡이 단조롭고 모래해안이 발달해 항구를 건설하는 데 어려움이 있단다. 그래서 동해안에 항구를 만들려면 파도를 막고 모래가 항구 안쪽에 쌓여 배가 걸리는 사고를 막을 수 있도록 방파제 같은 인공 구조물을 갖춰야 하지."

"서해안은 어때요? 서해는 밀물과 썰물의 차이가 무척 심하잖아요."

"서해안은 해안선의 굴곡이 심하고 수심이 얕단다. 이런 점은 항구를 건설하는 데 장점이 되지만 네 말대로 너무 큰

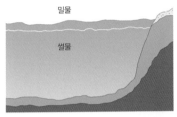

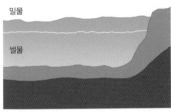

동해안은 수심이 깊고 조차가 작으며(위), 남해안은 수심과 조차가 동해안과 서해안의 중간 정도이고 (가운데), 서해안은 수심이 얕고 조차가 크다(아래).

조석 간만의 차는 문제가 되기도 하지. 그래서 서해안의 항 구는 배가 정박할 수 있게 선착장을 설치하거나 계단을 만든 단다."

우리나라의 대표 항구, 부산항과 인천항

"아빠, 우리나라의 대표 항구를 꼽으라면 인천항과 우리 부산항이겠죠?"

"허헛, 좀 곤란한데. 인천항과 부산항 말고도 우리나라에 큰 항구는 많잖니! 하지만 굳이 두 군데만 꼽으라면 틀렸다고 할 수도 없겠지. 남해안 동쪽에 있는 부산항은 수심이 깊고 조석 간만의 차이가 거의 없어 항구로서 천혜의 자연조건을 가지고 있다고 할 수 있지. 부산항은 조선 후기 고종 13년1876년 2월 26일에 우리나라 최초의 국제항으로 개항한 이후 근대 항만으로서의 면모를 갖추게 되었단다."

"현재는 더 발전해서 북항, 남항, 감천항, 다대포항으로 구성되어 있을 뿐 아니라 가덕도 근처에 신항만도 건설하고 있잖아요."

"그래, 나날이 그 규모가 커져서 우리나라 총 해상 수출 화물의 약 43퍼센트, 컨테이너 화물의 95퍼센트를 부산항이 처리하고 있지. 네 말대로 가덕도 신항만이 준공되면 부산항은 동북아 중추 항만으로서의 역할을 하게 될 거야. 배후 도시와 연계된 수송망 등 충분한 항만 시설도 갖추게 됨으로써 2000년대 아시아 환태평양시대 국제 교역의 중심적 역할을 할 수 있을 것이라 기대하고 있단다."

"아, 그래서 북항도 지금 공사를 하고 있는 거군요. 북항은 우리 학교에서 훤히 내려다보이거든요."

"응. 2008년에 시작된 북항 일반 부두 공사는 부산시의 역점 사업이기도 하지. 시민들의 관심도 깊은 '북항재개발 사업'이 완공되고 나면 부산항은 유라시아의 관문이자 국제 해양 관광의 근거지로 자리 잡게 될 거란다."

"아빠 말씀대로 부산항이 태평양을 향해 열려 있다고 하면, 인천항은 중국과의 교류에 전진 기지 역할을 톡톡히 할 것 같아요."

"그렇단다. 인천항은 중국의 황해 연안 개방도시인 다롄 大連, 장황도, 톈진天津과 불과 300~500해리 거리에 있어서 한·중 교류의 전진 기지이자 대륙 화물의 중계 기지로서의 몫을 단단히 하고 있지. 특히 우리나라 수도인 서울에서 32 킬로미터밖에 떨어져 있지 않고 인천 남동공단, 부평공단, 구로공단, 반월공단, 성남공단 같은 대규모 산업 단지들이 근처에 있어서 수도권의 관문항이라고도 할 수 있어."

"와, 인천항도 대단하네요."

"그럼! 그런데 인천항은 이런 지리적 조건 때문에 역사 적으로도 부침이 많았단다. 강화도조약을 체결하기 전해인 1875년에는 개항을 요구하는 일본의 군함이 근처 강화도 앞 바다까지 와서 위협을 가했고, 한국전쟁6.25사변 당시에는 맥 아더 장군이 군대를 이끌고 월미도에 상륙한 후 가장 먼저 확보하려 했던 곳 역시 인천항이었으니까."

"맞다, 그게 바로 인천상륙작전이죠! 그런데 인천항은 1876년 강화도조약을 맺고 나서도 몇 년 지난 뒤인 1883년 에야 개항했군요?"

"그래, 그때는 인천항을 제물포항이라고 불렀지. 지금 은 인천항을 내항과 외항으로 구분하고 있는데 갑문의 안쪽

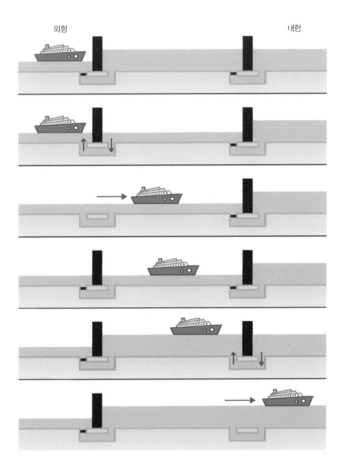

인천항의 갑문식 독 갑문 앞에 배가 도착한다. _외항 쪽 갑문을 열어서 외항과 갑문 사이의 수위를 맞춘다. _갑문 사이로 배가 들어온다. _외항 쪽 갑문은 닫는다. _갑문 사이의 수위를 내항과 맞춘다. _배는 항구 안으로 들어가고 갑문이 닫힌다(인천항의 갑문은 위아래가 아니라 좌우방향으로 움직이며 여닫게 된다).

을 내항, 갑문의 바깥쪽을 외항이라고 한단다."

"항구를 둘로 나눈 걸 보면 인천항도 굉장히 큰가 봐요. 아! 그런데 서해안은 큰 항구가 자리 잡기에는 장애가 있다고 하셨잖아요?"

"잘 기억하고 있구나! 인천항은 입지 조건은 좋지만 조석 간만의 차가 클 때는 10미터 정도나 되기 때문에 항만으로서는 큰 약점을 가지고 있는 셈이지."

"제가 조사한 자료에는 그 때문에 1966~1974년에 월미도와 소월미도 사이에 갑문식 독Dock을 만들었대요. 그래서 지금은 5만 톤 규모의 큰 배도 내항으로 들어올 수 있고요. 자연의 한계를 인간의 지혜와 노력으로 극복했다고 할 수 있겠죠. 헤헤헤헤."

"우리 구만이가 공부를 제법 했구나. 하하하하."

2장
항구는 어떻게
만들어지고 바뀌어 왔을까?

"여러분이 제출한 「바다와 연관된 탐구 활동」 과제를 살펴봤는데, 다들 열심히 잘 했어요. 특히 눈에 띄는 친구가 있었는데……. 오, 여기 있네요."

선생님은 아이들이 제출한 과제를 뒤적이다 하나를 골라 들며 이름을 불렀다.

"황구만."

"예."

구만이는 자리에서 벌떡 일어났다.

"우리나라의 항구에 관한 기본적인 내용을 잘 정리했고, 무엇보다도 항구라는 주제가 참신했어요. 좀 더 공부해서 항구를 건설하는 데 적용되는 과학 등 몇 군데를 보충하면 아주 훌륭한 보고서가 되겠어요. 어때요? 선생님이 말한 부분들을 보완해서 학교 대표로 전국 과학탐구활동 경진대회에 나가 보지 않겠어요?"

"우와!"

반 아이들의 눈이 일제히 구만이에게 쏠렸다.

"그, 그러면 저야 여, 영광이죠."

구만이는 얼떨결에 대답을 하고 말았다. 며칠 전 과제를 정리해 아버지께 보여 드렸을 때 하신 말씀이 떠올랐기 때문이었다.

"이 정도면 제법 잘 정리했구나! 이왕 시작한 것이니 항구에 대해 좀 더 깊이 있게 공부해 보면 어때? 마침 삼촌이 연안 개발에 대한 연구를 하고 있다니까 궁금한 건 물어볼 수도 있고 좋은 기회잖아."

'그래! 삼촌한테 도움을 청해야겠다.'

경수가 걱정스러운 얼굴로 말했다.

"야, 너 어쩌려고?"

"걱정 마. 자신 있어."

구만이는 경수를 향해 웃으며 한쪽 눈을 찡긋거렸다.

자연 항구

"오호! 우리 구만이가 과학탐구활동 경진대회에 나간다고?"

"네. 주제를 항구로 정했는데 저 혼자서는 어려워서요. 과학적인 부분은 삼촌이 좀 도와주세요. 삼촌은 공학박사고, 부산 신항만 개발에도 참여하고 계시잖아요. 네? 제발……."

"아이고, 안 하겠다고 하면 드러눕겠네. 내가 뭘 도와주면 되지?"

"제가 궁금해 하는 것에 대답만 해 주시면 돼요. 질문할 게 너무 많은데 무엇부터 시작하지? 음……."

"궁금한 게 정말 많은 모양이구나. 그럼 처음부터 시작하자. 구만인 사람들이 언제부터 배를 탔는지 아니?"

"질문은 제가 하는 건데, 헤헤. 이집트 벽화에 배가 그려져 있는 걸 본 적이 있으니까 그게······. 아, 맞다! 성경에 나오는 노아의 방주가 더 오래되었겠네요."

"하하, 우리 구만이가 관찰력이 좋네. 정확히 언제부터 사람들이 배를 탔는지는 알 수 없지만 최소 수천 년이 넘는 것만은 분명하단다. 처음에는 한두 명이 탈 수 있는 조그만 배를 만들어 이동하거나 물고기를 잡는 데 사용했겠지? 요즘도 그렇게 작은 배를 볼 수 있는데······."

"카누요!"

"대단한 걸. 지금은 소재나 만드는 법이 다양해졌지만 아마도 통나무를 깎아 만든 형태의 카누는 원시시대부터 인류가 사용해 온 배와 비슷하게 생겼을 거라고 생각이 된단다. 그런 배는 크기가 작으니 육지에 도착해서도 혼자서 육지로 끌어올렸을 거야. 그러니 배를 보관하기 위해 굳이 항구 같은 것을 따로 만들 필요가 없었지."

"하지만 배의 크기는 점점 커지잖아요!"

"그래, 작은 배로는 먼바다까지 나갈 수 없기 때문에 많은 시행착오를 겪으면서 배 만드는 기술을 발전시켜 배의 크기가 커지게 되었지. 큰 배는 사람이나 물건을 많이 실을 수 있을 뿐 아니라 파도가 거세도 작은 배보다는 안전하기 때문에 사람들은 점점 더 큰 배를 만들려고 노력했단다."

"배가 커지면서 배를 육지로 끌어올려 보관할 수 없게 되었겠군요!"

"대신 사람들은 배를 바다에 그대로 둔 채 보관할 수는 없을까를 고민하게 되었지."

"드디어 항구의 등장이네요."

"맞아! 처음엔 자연 상태에서 배를 보관하기 적당한 곳을 찾았단다. 배를 바다에 두었을 때 가장 큰 문제는 태풍 같은 큰 파도가 밀어닥쳐 배가 파손되는 것이지. 그래서 태풍이 오더라도 파도가 거세지 않고 비교적 잔잔한 곳, 즉 앞에 큰 섬이 있어 파도를 막아 주거나 병의 입구처럼 바다로 나가는 부분은 좁으면서 육지로 둘러싸인 바다를 찾아서 배를 정박시켰던 거란다."

"영화 「반지의 제왕」이나 「피터팬」을 보면 그런 항구가 나오잖아요. 부산항 바로 앞에도 영도라는 큰 섬이 있고요."

"하하하, 그런 항구를 바로 천혜의 요새라고 하는 거란

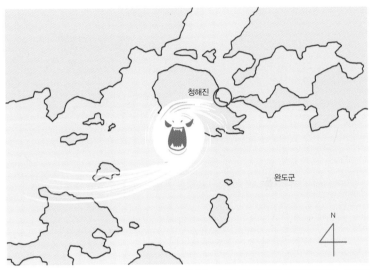

천혜의 지리적 여건을 살려 만들어진 항구, 청해진

다. 신라 때 해상왕이라 불린 장보고가 본거지로 삼은 청해
진지금의 완도도 천혜의 요새였지. 청해진은 많은 섬으로 둘러
싸여 있어서 파도가 잔잔하고 태풍이 불어와도 섬의 뒤편에
자리 잡고 있어 영향을 거의 받지 않거든. 이런 이유로 장보
고는 이곳을 항구로 삼아 일본이나 중국과의 무역을 독점하
면서 바다를 지배할 수 있었던 거란다."

인공 항구

　"삼촌, 인류 문명이 발달하고 인구가 늘어나면 천혜의 자연 항구만으로는 항구가 부족하지 않을까요?"

　"당연히 부족해지지. 그래서 사람들은 자연조건이 좋지 않은 곳에도 항구를 만들기 시작했단다. 그런 항구는 자연 항구와는 달리 사람이 인위적으로 만들었다고 해서 인공 항구라고 부른단다."

　"옛날에는 지금처럼 기계가 발달하지 않아서 공사하기 힘들었을 것 같아요."

　"그래, 사람이나 동물의 힘만을 빌려야 하기 때문에 태풍과 같은 큰 파도를 막는 시설을 만들기가 매우 어려웠지. 사람들이 파도를 막는 방법으로 가장 먼저 생각해 낸 것은 돌을 바다에 넣어 쌓아 올리는 것이었어. 마치 바다에 성을 쌓는 것처럼 말이야. 세계 7대 불가사의 중의 하나로 꼽히는 피라미드를 바다에 만든다고 생각하면 이해가 쉬울 거야."

"육지에 만들기도 어려운데 바다에다 그런 걸 만들려면 몇 배나 더 힘들겠어요."

"그렇지만 사람들은 포기하지 않았지. 수없이 많은 돌을 바다에 던져 넣다 보니 결국에는 둑처럼 쌓여 파도를 막는 방파제가 되었고 항구도 만들어졌을 거야. 항구가 무너지지 않게 하려면 피라미드에 사용한 돌만큼 큰 돌을 구해서 바닷속에 쌓아야 하는데 옛날에는 거의 불가능한 일이었지. 그래서 사람들은 항구의 규모를 줄이는 방법을 선택할 수밖에 없었단다. 옛날에 만들어진 항구가 대부분 크지 않은 이유가 바로 이 때문이란다. 지금도 작은 어촌에서는 그런 항구를 볼 수 있단다."

"그럼 항구가 지금처럼 커진 것은 언제부터였나요?"

"산업혁명 이후였지. 증기기관이 발명되면서 사람들은 바람의 힘으로 움직이는 범선이나 노를 젓는 배보다 훨씬 빠

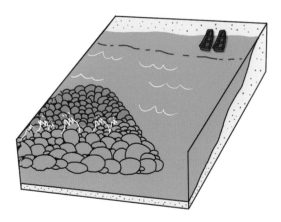

돌을 쌓아서 거센 파도를 막아 만든 작은 항구

르고 큰 배를 만들 수 있게 되었거든. 더구나 산업의 발달로 상품을 한꺼번에 많이 만들어 내면서 국가 간의 무역이 활발해지고 사람의 왕래도 늘어나 대형 철선이 등장하게 된 것이지."

"배가 커지면서 항구도 커진 거군요?"

"그렇지! 배가 크고 무거우면 수면 아래로 잠기는 부분인 흘수가 커지기 때문에 물의 깊이, 즉 수심도 깊어져야 배를 운항할 수 있단다. 그런데 바다의 수심이 깊어지려면 그만큼 육지로부터 멀어져야 하니까 자연스럽게 항구의 규모도 커질 수밖에 없지."

"수심이 깊어지면 파도도 세질 테고, 그럼 돌도 큰 것을 사용해야 하고 그 양도 엄청나겠는데요?"

"그렇겠지. 이렇듯 항구를 만든다는 것은 지형 등 자연 조건과 인공 구조물들을 잘 활용해야 할 뿐만 아니라 선박이 안전하게 드나들거나 정박할 수 있도록 과학적 데이터를 가지고 여러 가지 분석을 거쳐야 하는 복합적인 일이란다."

"항구는 그저 배를 댈 수 있으면 된다고 단순하게 생각했는데 미리 조사할 내용도 많고 갖춰야 하는 시설도 많군요."

"네 말대로 처음에는 단순히 배만 세워 놓는 작은 규모로 건설되었지만 점차 배를 이용하는 목적에 맞는 시설들을 갖추다 보니 당연히 규모도 커질 수밖에. 항구는 결코 하루아침에 만들어지는 것이 아니란다."

"시간이 흐를수록 이용하는 사람이 늘어나는 것은 이해가 되는데, 배를 이용하는 목적에 맞는 시설이란 무슨 말씀이에요?"

"시간이 흐른다고 모든 항구의 이용 빈도가 늘어나는 것은 아니란다. 드물게는 입지를 잘못 선택했다거나 이용 목적이 줄어들어 쇠퇴하는 경우도 있지. 다행히 대부분의 항구는 이용이 늘면서 필요한 시설도 늘어나서 항구의 규모도 커진다는 말이란다. 구만아, 항구를 만들 때 가장 먼저 생각해야 할 게 뭘 것 같니?"

"그거야 배가 안전하게 드나들고 머물 수 있도록 하는 거죠."

"맞았어! 그런 기본적인 것 외에도 배가 실어 나르는 사람이나 물자들을 싣고 내리는 데 필요한 시설과, 여객이나 선원들을 위한 편의 시설을 어떻게 배치할 것인가 하는 것도 그에 못지않게 중요하단다."

"아하. 그럼 항구에 어떤 시설이 어떻게 배치되어 있느냐에 따라 그 항구의 성격이 결정되겠군요?"

"그런 셈이지. 항구의 기능에 따라 드나드는 배의 종류도, 항구의 성격도, 필요한 시설들도 달라지니까."

"삼촌! 그럼 이제 항구마다 성격이 어떻게 다른지 항구의 종류에 대해 말씀해 주세요."

여러 종류의 항구

"항구는 그 기능에 따라 상항, 공업항, 어항, 피난항, 군항, 마리나 등으로 구분할 수 있단다. 상항은 상선이 출입하는 항인데, 너희 아빠가 모는 배처럼 무역선이 드나드는 무역항과 국내의 화물선이 드나드는 내국 상항으로 더 세밀하게 나눌 수도 있지. 우리나라의 대표 항구로 소개한 부산항과 인천항은 대표 상항이자 무역항이란다. 이에 비해 군산, 목포, 제주, 묵호, 삼척 등은 주로 국내의 화물을 실어 나르는 내국 상항이지. 세계적으로는 홍콩, 상하이, 싱가포르, LA, 로테르담 등이 유명한 무역항이지."

"삼촌, 컨테이너선이 드나드는 곳이 상항이라면 공업항에는 공장이 많겠네요?"

"공업 단지에서 사용해야 할 원자재를 들여오고, 생산된 완제품을 해상으로 운송하기 위해 건설된 항구이기 때문에 항구나 근처 가까운 곳에 공단이 있단다. 울산, 포항, 온산, 광양 등이 우리나라의 대표적인 공업항이지."

"아, 알겠어요. 어항은 어선이 주로 드나들며 잡아온 어획물을 신속하고 깨끗하게 처리해 시장으로 재빨리 수송할 수 있도록 한 항구이고요, 피난항은⋯⋯ 뭐지? 배가 피난하는 항군가요?"

"맞아! 파도나 심한 바람을 피해 배들이 피난하는 항구를 말한단다. 항해를 하던 선박이 높은 파도나 태풍을 만나거나 배에 이상이 생겨 수리해야 할 때 목적지 항구는 아니지만 긴급하게 피난을 하거나 입항할 수 있는 항구이지. 군항은 해군 함정이 정박하며 보급과 수리를 하기 위한 군사적 목적으로 만든 항구를 말하고, 마리나는 요트나 레저 보트 등이 정박할 수 있도록 만들어진 항구를 말한단다."

다양한 종류의 항구　왼쪽 위부터 오른쪽으로 상항, 공업항, 어항, 피난항, 군항, 마리나

항구에 필요한 시설

　"삼촌! 항구의 종류, 그러니까 항구의 주요 기능에 따라 항구마다 필요한 시설도 달라지겠네요?"

　"당연하지. 항구마다 제 성격기능을 부각시키려면 필요한 시설물이 다를 수밖에 없단다. 예를 들어 고기잡이를 목적으로 하는 어항에는 잡아온 해산물을 하역하기 위한 선착장이나 물양장이 필요하지."

　"선착장은 배가 들어와 댈 수 있도록 바다에 잇대어 만든 시설이란 걸 알겠는데 물양장은 뭔가요?"

　"물양장은 배의 짐을 내리기 위하여 육지에 만들어 놓은

평탄한 공간을 말한단다. 이외에도 배가 안전하게 입출항하
거나 항해할 수 있도록 설치한 항로 표지나 신호, 조명 같은
항행 보조 시설도 있지."

"자동차의 원활한 운행을 도와주는 신호등, 도로 안내
표지판처럼 선박의 운행을 도와주는 시설도 있는 거군요?"

"그렇지."

"우리 아빠 배처럼 컨테이너선이 자주 드나드는 무역항
에는 어떤 시설물들을 갖춰야 하나요?"

"무역항은 화물을 다룰 목적으로 조성한 항인데, 요즘은
화물을 대부분 컨테이너에 담아서 운송하니까 기본적으로
컨테이너를 하역할 수 있는 시설들이 필요하겠지."

"아, 부두에 있는 커다란 기중기요?"

"그래. 그걸 대형 크레인이라
고도 하는데 무역항에 없어서
는 안 되는 시설이지. 또한
창고, 야적장, 사일로silo, 저
유 시설, 화물 터미널 같은
화물의 유통과 판매에 필요
한 시설도 있단다."

사일로

"사일로? 그건 뭘 말하는 거죠?"

"곡식이나 사료, 시멘트 등을 저장하는 저장탑이나 저장고를 사일로라고 해."

"네에. 배를 타고 여행하는 사람들을 위한 터미널 같은 시설이 있는 항구도 있잖아요!"

"그래, 대부분의 항구에는 여객선이 드나들기 때문에 여객선을 이용하는 손님들을 위한 대합실, 승강 시설, 소화물 취급소 등이 있고 이를 통틀어 여객 이용 시설이라고 하지."

"삼촌, 영화 같은 걸 보면 요트만 즐비하게 정박시켜 놓은 항구도 있던데……."

"그게 바로 마리나항이란다. 사람들의 소득 수준이 높아지면서 여가로 요트를 타는 사람이 많아져 요트를 정박할 수 있는 마리나항도 늘어나고 있지. 미국이나 유럽은 말할 것도 없고 가까운 일본에도 수천 개가 넘는다고 하더라. 그에 비하면 우리나라는 이제 막 걸음마를 시작했다고 할 수 있어. 최근 들어 관광 수입을 올리려고 마리나항을 건설하려는 지방자치단체들이 늘고 있어 그 수가 늘어날 것이라 예상할 수는 있단다."

"부산에도 마리나항이 있나요?"

"수영만에 요트 계류장이 있잖니. 경기도의 전곡항에서는 매년 국제보트쇼와 세계요트대회가 열리고, 우리나라 최초의 마리나항인 충무항 마리나에는 요트 정박 시설과 함께 요트에 수돗물과 전기를 공급할 수 있는 시설을 갖추고 있어서 이용하기 편리하단다."

"항구는 배만 드나드는 곳이라 생각했었는데 생각보다 훨씬 다양하고 복잡하군요."

"그렇지? 하지만 아무리 훌륭한 시설과 기능을 갖춘 항구라도 파도가 몰려와 덮쳐 버리면 아무런 소용이 없겠지. 그래서 항구마다 파도를 막아 주는 시설을 갖추게 되는데 그게 바로 방파제란다. 튼튼한 방파제가 있으면 태풍이 불어와도 항구 내부^{내항}는 마치 호수처럼 잔잔하지."

"그럼 하역 작업도 계속할 수 있고 배도 안전하게 쉴 수 있겠네요."

"물론이지. 방파제는 항구 바깥에 설치되기 때문에 흔히 외곽 시설이라고 한단다."

"어휴, 갈수록 복잡해지네요."

"그래, 단순하지는 않지. 그뿐만이 아니라 항구를 드나들거나 정박해 있는 배와 그 배에 싣는 화물의 종류에 따라 항구의 규모와 시설, 운영 방식이 달라지고 그곳에서 일하는 사람들도 달라져. 예를 들면 컨테이너를 주로 처리하는 무역항은 컨테이너 선박의 무게만 수만 톤이 넘기 때문에 배를 댈 수 있도록 쌓은 안벽까지 직접 운전해서 들어오지 못한단다. 그래서 컨테이너선은 일단 항구에 들어오면 운항을 멈추지. 그러면 자그마한 도선tug boat이 컨테이너 선박을 하역 장소인 안벽까지 안전하게 끌고 오게 된단다."

"좁은 항구 안에서 큰 배가 움직이면 자칫 충돌 사고가 날 수 있기 때문에 그렇군요?"

"그렇지. 대형 선박만 항구 안에서 전문적으로 운전하는

방파제가 높은 파도를 막아 주어 방파제 밖은 파도가 거센데 항구 안은 잔잔하여 안전하게 하역 작업을 하고 있다.

도선이 컨테이너선을 끄는 모습 컨테이너선 뒤쪽의 도선들은 자동차의 브레이크처럼 배를 멈추게 하는 역할을 한다.

사람을 도선사라고 하는데, 선박을 운항한 경험이 수십 년 이상 된 사람 중에서 시험을 치르고 선발한단다. 경력도 있어야 하고 기술도 뛰어나야 하므로 자격을 갖추기는 어렵지만 일단 도선사만 되면 전문직으로 보람도 느끼고 높은 연봉을 받으며 일할 수 있지."

"우리 아빠가 도선사하면 좋겠어요. 그러면 늘 집에서 함께 지낼 수 있을 텐데……."

"아빠는 아직 젊으니까 좀 더 경력을 쌓으면 가능하실 거야, 하하하."

컨테이너

컨테이너Container는 커다란 상자 모양으로 특별히 고안된 수송 용기입니다. 예전에는 물건을 운반하는 용기가 규격화되어 있지 않아서 물건을 싣고 내리는 데 시간이 오래 걸렸습니다. 그런데 컨테이너가 등장하면서 그런 불편이 단숨에 해결되었습니다.

규격화된 컨테이너를 사용하면 모든 하역 작업을 기계화할 수 있어 하역하고 수송하는 데 드는 시간이 줄어듭니다. 거기다 컨테이너는 되풀이해서 반영구적으로 사용할 수 있고, 운송 중에 화물을 옮겨 실을 때마다 화물을 다시 쌓는 작업을 하지 않아도 되어 번거롭지 않습니다. 또한 다른 운송 수단으로 바꿔 싣기도 쉽고 많은 양을 한꺼번에 수송할 수도 있어 운송 경비를 줄일 수 있을 뿐 아니라 사무 절차도 간소화할 수 있습니다.

컨테이너는 1926년 미국의 뉴욕과 시카고 사이를 운행하는 철도에 컨테이너 19개를 적재할 수 있는 철도 운송 차량을 제작해 투입한 것이 세계 최초였다고 합니다.

3장
항구를 만들 때
생각해야 하는 것들

"자, 이제부터는 우리가 직접 항구를 만들어 보자. 우선 항구를 안전하고 편리한 곳으로 만들기 위해서는 어떤 준비가 필요한지, 사전에 검토해야 할 것은 어떤 것들이 있는지, 아름다운 항구를 만들기 위해서는 어떠한 노력이 필요한지를 이야기해 볼까?"

"와, 진짜 우리가 항구를 건설하는 거예요? 삼촌, 얼른 시작해요."

"구만아, 만약 네가 직접 항구를 만든다면 가장 먼저 무엇을 준비하겠니?"

"그, 글쎄요? 음……. 거센 파도로부터 배를 보호하려면 방파제가 있어야 하잖아요. 그러니까 방파제 재료인 돌부터 준비할래요."

"저런, 항구를 어디에 얼마만 한 규모로 건설할 것인지도 생각해 보지 않고 무턱대고 방파제부터 쌓는다고?"

"헤헤, 그렇네요. 먼저 어떤 목적으로 사용할 항구인지를 확인하고 어디에 건설할 것인지를 정해야겠네요."

"그렇지. 어떠한 기능으로 사용할 항구인지에 따라 항구를 드나드는 배의 크기를 가늠할 수 있을 테고……."

"네, 그래야 항구의 크기를 정할 수 있겠지요."

"뿐만 아니라 항구로 들어오는 배의 크기를 가늠해야 흘수를 알 수 있거든. 흘수는 항구의 수심을 정하는 데 중요한 기준이지."

"항구의 방향도 중요할 것 같아요. 집을 고를 때도 대문이 어느 방향으로 나 있는지 꼭 살펴보잖아요."

"중요한 지적인데. 항구의 입구는 어느 방향으로 할 것인지, 입구는 얼마만 한 크기로 할 것인지도 매우 중요한 요소란다."

"삼촌, 항구의 위치나 방향에 따라 아까 제가 말한 방파제의 방향이나 크기도 정해지겠는데요."

"제법인걸. 이제는 방파제를 쌓을 돌을 구해도 되겠는데."

"네. 정해진 방파제의 크기에 따라 준비해야 할 돌의 크기와 양도 정해지는 거죠."

"그래. 얼마만큼 많은 돌이 필요한지, 근처에서 그만한 돌들을 구할 수 있는지, 있다면 어떻게 가져올 것인지 등도 미리 생각해 두어야 한단다."

"우와! 미리 정리하고 조사해야 할 것이 많군요?"

"그뿐만이 아니지. 항구를 만들려고 하는 곳의 파도 높이파고와 파도 방향파향도 살펴봐야 한단다. 만약 파고가 높으면 작은 돌로 만든 방파제는 파도를 이겨 내지 못하고 무너질 수 있거든. 파도 높이는 방파제의 크기, 소재 등을 정하는 기준이 되기 때문에 정확히 확인해야 해."

"파도 높이는 이해가 되는데 파도 방향은 왜 확인해야 하죠? 어느 방향에서 파도가 밀려오든 막아야 하는 게 방파제 아닌가요?"

"파도를 잘 막으려고 파향을 확인하는 거란다. 파향과 직각이 되도록 방파제를 설치해야 가장 효과적이지 않겠니? 또한 항구의 입구를 정할 때도 파향은 중요한 요소란다."

"아, 알겠어요. 만약 항구의 입구를 파향과 같은 방향으로 열어 놓으면 항구 안까지 파도가 거침없이 들어올 테니까요."

"이젠 척척 알아듣는구나. 네 말대로 항구의 입구가 파향과 일치하게 되면 아무리 높고 튼튼하게 만든 방파제가 있어도 소용이 없겠지."

"이젠 파악해야 할 내용은 다 챙긴 건가요?"

"그렇게 간단할 리가 없겠지. 밀물과 썰물을 일으키는 조석도 알아봐야 해. 우리나라는 서해, 남해, 동해에서 밀물

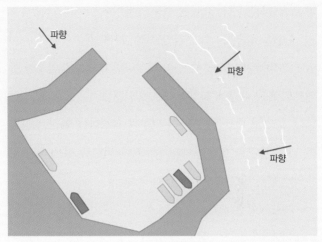

파도의 방향과 방파제

과 썰물의 높이 차이조차가 매우 다르다는 건 너도 알고 있지?"

"그럼요, 지난번 과제할 때 조사했어요. 서해가 약 7~8미터, 남해 약 3~4미터, 동해는 약 0.3~0.4미터로 차이가 엄청났어요."

"잘 기억하고 있구나. 삼면의 바다가 그렇게 다른 특성을 지닌 나라는 아마 전 세계에서 우리나라밖에 없을 거야. 밀물에서 썰물이 되었다가 다시 밀물이 되는 데 12시간 25분이 걸리니까 그 절반인 6시간 정도를 바닷가에서 관찰하면 조석현상을 직접 확인할 수도 있지."

"특히 서해에서 쉽게 관찰될 것 같아요."

"그렇겠지. 또 조석현상이 일어나면 바닷물은 일정한 방향으로 흘러 나갔다 흘러 들어오게 되는데 이를 조류라고 한단다. 항구를 만들 때 조류의 영향은 파도만큼 크지는 않지만, 배가 항구를 드나들 때는 영향을 끼치므로 그 세기와 흐름의 방향은 반드시 확인해 두어야 하지."

"아, 그렇겠네요!"

"구만아, 항구는 어떤 곳이지?"

"네? 그거야……, 배가 드나들며 사람이나 화물을 싣고 내리거나 때로는 배가 쉬기도 하는 곳 아닌가요……?"

"녀석, 왜 그렇게 자신이 없어. 안벽 이야기를 하려고 하는데."

"안벽이요? 배를 댈 수 있게 쌓은 벽이라고 하신 거요. 그것도 항구를 만드는 데 영향을 미치나요?"

"물론이지. 항구에 방파제나 안벽 같은 것을 만들려면 항구 바닥의 상태도 조사해야 하거든. 바닷속 바닥의 흙 종류는 어떤 것인지, 바위가 있는지 없는지, 바위가 있다면 어느 정도 깊이에 얼마만 한 크기로 있는지 등을 세심하게 확인해야 한단다. 이러한 기초 조사가 끝난 후에야 설계에 들어갈 수 있지."

"기초 조사하고 설계가 끝나면 공사를 시작하겠군요."

"아니, 그게 전부가 아니란다."

"아휴, 또 뭐가 남았나요?"

"기본 설계가 끝나면 제대로 설계되었는지 알아보기 위해 컴퓨터를 이용한 시뮬레이션이나 축소 모형을 만들어 미리 실험해 봐야 한단다. 시뮬레이션이나 모형실험 결과, 문제점이 발견되면 문제 해결 방법을 찾아 수정하여 다시 설계하고 검토하는 과정을 반복해 최상의 설계도를 만들어 내야 하는 거지. 이런 과정을 모두 거치고 나서야 비로소 공사를 시작하게 되는 거란다."

"검토에 검토를 거듭해서 완벽한 준비를 한 다음 공사를 하는군요."

"사람이 하는 일이니 완벽이란 있을 수 없겠지만 최선을 다해 실수가 없도록 준비하는 거지. 이렇게 방에 앉아서 이야기할 게 아니라 직접 항구로 나가 볼까?"

"삼촌, 굿 아이디어! 하하하하."

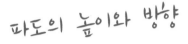 

파도의 높이와 방향

"으아~. 삼촌, 바다에 나오니 정말 시원해요. 흐읍! 이 짭조름한 바다 냄새!"

"하하하하, 그러고 보니 우리가 함께 바다에 나온 건 정말 오랜만이네."

"삼촌, 저기 등대까지 가 봐요."

"좋지! 구만아, 아까 항구를 만들려면 가장 먼저 파도를 막기 위해 방파제를 쌓아야 한다고 했지."

"네, 방파제가 없으면 파도가 항구 안으로 마구 밀려 들어와서 배가 안전하게 머물 수 없을 테니까요."

"역시! 그런데 지금 우리가 걷고 있는 바로 이 방파제도 사람과 마찬가지로 수명이 있단다. 보통은 50~100년 정도를 예상하는데, 그나마도 방파제를 사용하는 동안 발생할 가장 큰 파고를 예측해서 그 파도에 견딜 수 있도록 만들어야만 수명을 보장할 수 있지."

"어휴, 삼촌! 사람이 신도 아닌데 앞으로 생길 파도 높이를 어떻게 알아내지요? 무슨 방법이 있나요?"

"음, 어려운 게 아닌데……. 예를 들어 강릉에 방파제를 쌓는다고 가정하고 우리가 직접 최고 파고를 결정해 볼까?"

"우리가 구할 수 있어요?"

"물론. 자아, 방파제의 수명을 50년으로 하면 먼저 지난 50년 동안 강릉에서 관측한 파고 자료를 모두 구해야 해. 그리고 해마다 가장 높았던 파고를 뽑아서 순서대로 늘어놓으면 50개의 파고 자료가 나오겠지! 그 50개 자료 가운데 가장 큰 파고를 50년에 한 번쯤 발생한다고 해서 50년 빈도 파고라고 한단다. 강릉에서 지난 50년 동안 관측된 최고 파고가 1960년 5.5m, 1961년 6.7m, 1962년 4.5m, 1963년 7.3m, ……, 1980년 8.2m, 1981년 6.8m, ……, 2008년 8.5m, 2009년 9.3m이었다면, 강릉의 50년 빈도 파고는 얼마일까?"

"제일 큰 수는……, 9.3미터네요."

"어렵지는 않지?"

"네. 그런데 삼촌, 저 같은 학생이 어떻게 그런 자료를 구해요?"

"하하하, 그렇지! 더구나 우리나라는 1980년대 중반부터 파고를 관측하기 시작했는데 그나마도 우리나라 바다 전역에서 관측하지 못하고 일부 해역에서만 관측하고 있어 어느 곳에 항구를 짓든지 관측 자료가 충분하지 않은 것이 문제이기는 하단다."

"그런데 자료가 없으면 방파제를 못 만드나요?"

"물론 그건 아니지. 가지고 있는 파고 자료를 이용해 수학적으로 계산하면 된단다. 계산 방법이 전문적인 통계 처리이기는 하지만……."

"통계 처리라고 말씀하시는 것을 보니 그것도 관측 자료가 많으면 많을수록 결과가 정확하겠네요."

"당연히 자료가 많을수록 신뢰도는 높아지겠지. 아무튼 50년에 한 번 발생하는 가장 큰 파고인 50년 빈도 파고는 50년 설계 파고도 되는 거란다."

"삼촌, 설계 파고는 방파제의 수명을 몇 년으로 정하느냐에 따라 같은 장소라도 달라지겠네요?"

"그렇지. 하나를 가르쳐 주니 열을 아는구나. 자료가 많을수록 신뢰도가 높아지는 것과 같은 이치이지. 아무래도 30년 빈도의 설계 파고보다는 50년 빈도의 설계 파고가 클 확률이 높지 않겠니?"

"설계 파고에 따라 방파제의 크기나 무게도 달라질 테고요."

"오호, 제법인걸. 설계 파고가 커지면 방파제도 커져야 하겠지. 그럼 방파제를 만드는 데 들어가는 비용도 늘어날 테고. 그래서 정확한 설계 파고를 계산해 내는 것이 중요하지."

"아, 그렇군요."

"구만아, 방파제를 만들 때 파도의 높이^{파고}만큼이나 파도의 방향^{파향}도 중요하다고 이야기했던 것 기억나니?"

"네. 파도가 밀려오는 방향과 직각이 되도록 방파제를 쌓아야 파도가 항구 안으로 들어오는 것을 막을 수 있다고 하셨어요. 그런데 삼촌! 파도는 항상 한 방향으로만 움직이는 건 아니잖아요?"

"물론, 그렇지. 자잘하게 밀려오는 파도까지 100퍼센트 막을 수는 없단다. 파도가 가장 많이 밀려드는 방향을 확인

 **파고 측정**

  파고는 바다를 일 년 내내 관찰하면서 기계로 측정합니다. 보통 0.5초마다 한 번씩 측정하는데 그 값을 연결하면 그림과 같은 파도 모양이 됩니다. 그림의 가로축은 시간을, 세로축은 높이를 나타냅니다. 파도가 가장 높이 올라갔다가 내려와서 다시 올라갈 때까지의 거리를 파고라고 하고, 그때까지 걸린 시간은 주기라고 합니다.

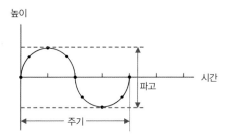

  실제로 파고를 측정해 보면 그림과 같이 규칙적이고 매끄럽지는 않습니다. 파고가 큰 것과 작은 것, 주기도 긴 것과 짧은 것이 서로 섞여 있어서 매우 불규칙합니다.

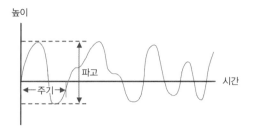

그런데 파고는 왜 0.5초마다 측정할까요? 파도의 모양이 만들어지려면 최소한 9개의 점이 있어야 합니다. 자연에서 관측한 대부분의 파도 주기는 대략 6~7초입니다. 대체로 4초 이하의 파도는 파고가 작고 파도의 힘도 약해서 문제가 되지 않습니다. 그래서 측정 간격을 0.5초로 하면 주기가 4초인 파도의 경우에 9점을 관측할 수 있으므로 그렇게 정한 것입니다.

　　물론 관측을 자주 해서 점이 이보다 많으면 파도의 모양이 훨씬 자연스럽고 관측도 정확하겠지만, 그만큼 시간과 비용이 많이 들어갑니다. 예를 들어 정밀도를 높이기 위하여 측정 간격을 0.25초로 한다면 자료의 질은 좋아지겠지만, 컴퓨터의 저장 용량이 2배로 커지고 자료를 처리하는 데 시간이 오래 걸리는 문제가 생깁니다. 측정 간격은 이렇게 여러 가지를 따져 보고 합리적인 선에서 결정한 것입니다.

하고 그 방향을 막는 거지. 파고 관측 자료가 바로 이러한 정보를 우리에게 알려 준단다."

"삼촌, 과학적으로 관측한 자료가 없었던 옛날에는 어떻게 파고를 쟀나요?"

"현지 주민들의 경험에 의존하는 수밖에 없었지. 제일 큰 파도가 어느 정도였다고 짐작하는 거지."

"짐작은 사람마다 들쭉날쭉할 테니 정확도가 떨어지잖아요."

"'필요는 발명의 어머니'라고 하잖니. 파고를 정확히 재고자 하는 열망이 결국 파고를 재는 기계를 만드는 원동력이 되었지."

"우와! 파고를 재는 기계도 있어요?"

"그럼! 물 위에 띄워서 파도가 움직이는 대로 따라 움직이며 파고를 재는 공처럼 생긴 기계와, 바닷물 속에 가라앉혀서 물의 압력^{수압}을 측정해서 파고를 재는 원기둥 모양의 기계가 있단다. 앞엣것을 부이^{buoy}식 파고계, 뒤엣것을 수압식 파고계라고 하지."

"그런데, 삼촌. 바다에 파고계를 설치해 놓으면 높은 파도에 떠내려가거나 고정 장치가 상해서 잃어버릴 수도 있지

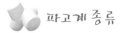
파고계 종류

| 부이식 파고계

공처럼 생긴 부이가 파도를 따라서 움직이면 부이 속에 있는 감지기^{sensor}  가 부이의 가속도를 측정해서 컴퓨터로 보내고, 컴퓨터는 가속도를 파고로 바꿉니다. 가속도를 2번 적분하면 거리가 되는 수학적 원리를 이용한 것입니다. 즉, 거리를 시간으로 나누면^{수학} ^{적으로 미분한다고 함} 속도가 되고 이를 다시 한 번 시간으로 나누면 가속도가 되기 때문에 역으로 가속도를 시간으로 곱하면 속도가 되고 다시 한 번 곱하면 거리가 됩니다. 여기서 거리는 파고계가 움직인 거리를 의미하는데 이것이 곧 파고입니다.

| 수압식 파고계

부이식 파고계가 물 위에 떠 있어서 지나가는 배에 부딪혀 부서지거나 고장을 일으키는 문제를 해결하기 위하여 개발된 것으로, 비교적 안전한 바닷속에 설치합니다. 수압식 파고계는 파도가 칠 때마다 달라지는 물의 깊이를 측정하기 위해 먼저 수압을 잽니다. 측정한 수압 자료를 모아서 평균  수압을 구한 다음에, 각각의 수압에서 평균값을 빼면 수압을 측정한 위치의 파도에 의해 생긴 물의 높이, 즉 파고가 됩니다.

않나요?"

"물론 있지. 그럴 경우에 대비해 태풍이 밀어닥쳐도 끄떡없도록 단단히 설치해 놓지만 기계가 사라져 버리는 일이 가끔 있단다. 태풍이나 큰 파도에 휩쓸려 가기도 하지만 그물에 걸리거나 밤에 운항하던 배에 부딪혀 깨져서 가라앉는 경우도 있고."

"사람들이 일부러 가져가는 일은 없나요?"

"드물기는 하지만 그런 일도 있지. 많은 비용과 노력을 들여 설치한 중요한 장비인지 모르고 고철이라 여겼겠지. 한 번은 잃어버린 파고계를 고물상에서 발견하고 되사온 적도 있었어. 우리나라에서는 수압식 파고계는 만들지만 부이식 파고계를 만드는 곳이 없어 외국에서 수입해야 하는데, 주문해도 도착할 때까지 몇 달이나 걸리지."

"아휴, 새 파고계가 도착할 때까지 기다려야 하고, 도착하면 다시 바다로 나가 설치해야 할 테니 예정에 없던 시간과 경비가 많이 들겠네요."

"시간과 경비도 문제지만 그보다 더 큰 손실은 그동안 자료를 수집하지 못하는 것이지"

"정말 안타깝네요. 조금만 신경 쓰면 괜찮을 일을……."

"삼촌, 방파제 이야기하다 좀 엉뚱하다고 하시겠지만요……."

"우리 구만이가 무엇이 궁금해서 이리 뜸을 들이실까?"

"저기, 저쪽 방파제에 있는 등대는 빨간색인데 우리 앞에 서 있는 등대는 하얀색이잖아요. 등대 색이 다른 이유가 있나요? 아니면 그냥 보기 좋으라고……?"

"하하하하, 등대 색은 국제적으로 정해 놓은 약속이란다. 전 세계 어느 항구를 가더라도 바다에서 배가 들어오는 방향에서 봤을 때 오른쪽에는 빨간색 등대, 왼쪽에는 하얀색 등대가 서 있지. 항구로 들어오는 배에 빨간색 등대를 오른쪽에 두고 들어오면 안전하다는 걸 알려 주는 거야. 색깔을 구별할 수 없는 밤에는 등불을 밝혀서 항구의 출입구를 알려 준단다."

항구 입구의 등대는 배가 들어오는 방향에서 보아 오른쪽은 빨간색, 왼쪽은 흰색 등대가 서 있다.

조석(밀물과 썰물)

"구만아, 바다가 아까 우리가 나왔을 때와는 달라진 것 같지 않니?"

"뭐가요? 등대도 제자리에 있고, 파도도, 바위도……. 어! 물이 빠져나갔어요. 아까는 저 바위가 물에 잠겨 있었는데 지금은 거의 다 드러났는데요."

"하하하하, 발견했구나. 공간에서 떨어져 있는 물체가 서로 끌어당기는 힘을 뭐라고 하지?"

"만유인력이요!"

"뉴턴Newton이 사과나무 아래에서 발견했다는 만유인력은 질량에 비례하고 거리의 제곱에 반비례하는 성질을 가지고 있다는 것까지는 알고 있지?"

"아휴, 저도 중학생인데 그 정도는 기본이죠. 밀물과 썰물 현상이 일어나 바닷물이 밀려왔다 밀려나가는 것도 만유인력의 작용이란 것도 알고요."

"그렇지. 태양계에서 지구에 가장 큰 영향을 끼치는 것은 달과 태양이야. 달은 지구와 가장 가깝고 태양은 가장 크기 때문이지. 달과 태양이 일직선으로 위치할 때에 바닷물의 움직임이 가장 크고 직각으로 되는 때에는 가장 작단다. 바닷물의 움직임이 가장 클 때를 사리^{보름이나 그믐}라고 하고 가장 작을 때는 조금^{반달}이라고 한단다."

"삼촌이 그렇게 열심히 설명하시는 걸 보니 밀물과 썰물도 항구를 짓는 데 영향을 미치겠군요?"

"바로 그거란다! 우리나라는 밀물과 썰물 때의 수위 차이인 조차가 사리 때는 서해안이 7~8미터, 동해안이 0.3~0.4미터로 알려져 있지. 이러한 정보는 항구를 설계하는 데 매우 중요한 요소로 작용한단다. 예를 들어 방파제의 높이를 파고만 보고 결정한다면 조석현상으로 바닷물 수위가 올라간 상태에서 큰 파도가 밀려오면 어떻게 될까?"

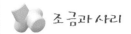

조금과 사리

　태양과 달, 지구가 늘어서 있는 위치에 따라 지구에 있는 우리가 보는 달의 모양이 바뀝니다. 달, 지구, 태양의 순서로 일직선 위에 늘어서 있으면(그림 ①의 위치), 달은 둥근 보름달이 되고 조차는 가장 커져서 이때를 사리라고 합니다. 달이 지구를 중심으로 공전하여 달과 지구 그리고 태양이 직각을 이루면(그림 ②의 위치) 지구에서 달은 반달로 보이고 조차는 가장 작아져서 이때를 조금이라고 합니다. 달이 공전을 계속하여 지구, 달, 태양의 순서로 다시 일직선 위에 늘어서면(그림 ③의 위치) 달은 초승달(또는 그믐달)이 되고 조차가 다시 커지면서 사리 때가 됩니다. 달의 공전이 계속되어 달, 지구, 태양이 다시 직각으로 늘어서면(그림 ④의 위치) 달은 다시 반달이 되고 조차는 작아지면서 조금 때가 됩니다. 그리고 달이 ①의 위치로 되돌아오기까지는 한 달쯤 걸립니다. 그런데 지구는 하루에 한 번 자전을 하므로 지구 상에 있는 우리는 하루에 두 번씩 밀물과 썰물이 반복되는 것을 볼 수 있습니다.

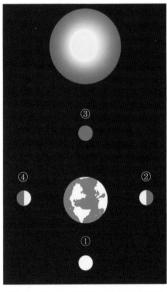

태양과 지구 달의 위치에 따른 조석의 변화

"말할 것도 없이 파도가 방파제를 넘어 항구 안에 있는 배를 망가뜨리겠죠. 어쩌면 사람이 다칠지도 모르고……."

"방파제뿐만이 아니란다. 배를 대기 위한 안벽을 설계할 때도 조석을 고려하지 않으면 짐을 싣고 내리는 작업을 제대로 할 수가 없단다. 보통 안벽 높이는 수위가 가장 높은 밀물 때에 맞추어 결정하는데, 썰물 때에는 안벽이 너무 높아서 짐을 오르내리지 못하는 경우가 생기거든. 그래서 안벽에 계단을 만들기도 하고 수위가 높아질 때까지 기다렸다가 작업을 하기도 한단다."

"삼촌, 조석은 파도처럼 수시로 변하지 않고 거의 일정하니까 예측해서 적용하면 되지 않나요?"

"그렇지. 우리나라는 모든 해안에서 조석을 관측하고 있을 뿐만이 아니라, 이러한 관측 자료를 바탕으로 조석이 앞으로 어떻게 변화할지를 계산해 주는 곳도 있단다."

"저도 알아요. 『해양문고 _바다의 맥박, 조석이야기』에서 국립해양조사원이 조석을 관측하고 분석해서 예보를 한다고 읽었어요."

"맞아, 이 부분의 자연현상을 이해하기 어려우면 그 책을 읽어 보면 좋겠는데. 아무튼 국립해양조사원www.khoa.go.kr

홈페이지에 들어가면 전국 해안의 조석을 예보해 놓은 조석표를 볼 수 있어 몇 시 몇 분에 얼마만큼의 조차가 생기는지를 알 수 있단다. 이런 자료는 항구를 만들 때만 쓰이는 것이 아니고 일상생활에서도 매우 유용하게 쓰인단다."

"조석표가 일상생활에 유용하게 쓰인다고요?"

"고깃배를 몰고 바다로 나가야 하는 어부나 낚시꾼, 바다에서 양식을 하는 사람들에게도 매우 중요하게 쓰이지만

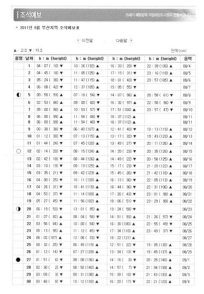

조석표 샘플 월령에서 하얀 원은 보름달(망), 검은 원은 초승달(삭)을 나타낸다.

구만이, 너도 긴요하게 쓸 때가 있지."

"제가 조석까지 확인할 일이 뭐가 있겠어요?"

"그럴까? 예를 들면 네가 친구들과 서해안의 제부도로 놀러 간다고 해보자. 제부도는 바닷길이 간조 때만 열리고 만조 때는 잠기는 섬이라서 미리 조석표를 보고 언제 섬으로 들어갔다가 언제 나올지를 정하면 시간을 허비하지 않고 즐겁게 다녀올 수 있거든."

"말 나온 김에 조석 공부도 할 겸 제부도에 가서 서해 구경도 하고 맛있는 조개 구이도 먹고 올까요? 헤헤헤."

제부도

조류

"구만아, 바닷물은 강물처럼 흐를까 아니면 멈춰 있는 것일까?"

"삼촌, 왜 이러세요. 밀물과 썰물 때 보면 엄연히 바닷물도 흐르잖아요?"

"하하하, 그런 바닷물의 흐름을 조류라고 하는데, 네 말대로 밀물과 썰물에 의해 바닷물의 높이가 높아졌다 낮아졌다 하면서 발생한단다. 임진왜란 때 이순신 장군은 이러한 조류의 특성을 잘 이용해서 왜군에 승리를 거두었던 거야. 그때는 배가 지금처럼 엔진의 힘으로 움직이는 것이 아니라 돛으로 바람을 이용하거나 사람이 직접 노를 저어서 움직였기 때문에 조류가 세면 배를 마음대로 조종하기 어려웠단다. 우리나라 바다의 사정을 잘 알았던 장군은 전쟁에서도 자연 현상을 최대한 활용했던 거지. 구만아, 이순신 장군의 명량대첩으로 유명한 곳이 어딘지 아니?"

"그게 저……, 와, 완도 아닌가요?"

"땡! 진도잖아, 진도! 진도의 울돌목은 우리나라에서 조류가 가장 센 곳 중의 한 곳이지. 이곳은 지금도 배를 마음대로 조종하지 못해서 사고가 발생하기도 해. 울돌목에는 우리 연구원에서 세운 조류발전소가 있는데, 한번은 조류발전소의 장치를 살피기 위해 기술자가 물속으로 들어갔다가 세찬 조류에 휩쓸려 발전기 터빈에 몸이 낀 적이 있었단다. 산소통에 산소는 바닥나 가는데 몸을 빼지 못하는 아주 위급한 상황이 벌어진 거지."

"그래서요? 산소가 떨어지기 전에 무사히 빠져나왔나요?"

"물론이지. 하지만 그 분은 한동안 많이 힘들어 했어. 오랫동안 나라를 위해 일한다는 자부심 하나로 아무리 힘든 일이라도 묵묵히 견뎌 왔는데 목숨까지 위협받는 일을 겪게 되자 충격이 컸던 거지."

"그래서 일을 그만두셨어요?"

"하하하, 그만두긴! 예전보다 더 열심히 일하고 계시지. 아주 신중하고 철저하게 준비해서 능숙하게 일을 해내시기 때문에 발전소에서는 그분이 일을 맡으면 모두 안심을 하지, 하하하."

"와, 그런 일도 있었군요. 그러니까 울돌목처럼 조류가 센 곳에는 항구도 건설하면 안 되겠네요."

"당연하지! 배가 안전하게 항구로 들어와야 하는데 운항이 힘들 정도로 조류가 세면 곤란하겠지? 특히 컨테이너를 가득 실은 화물선 옆구리 쪽으로 센 조류가 흐르면 조심해야 된단다. 배가 밀려 자칫 항로라도 이탈하게 되면 큰 사고가 일어날 수도 있거든."

"그렇군요! 항구를 만들 때는 미리 주변의 조류를 세심하게 조사하여 조류가 너무 빠른 곳은 피해야겠네요."

"당연한 말씀! 조류가 빠르지만 반드시 그곳에 항구를 만들어야 한다면 조류의 빠르기를 늦출 수 있는 방법을 찾아야 하지."

해저 지반

"삼촌! 항구를 만들 때에 파고, 파향, 조석, 그리고 조류의 세기 정도를 고려하면 되는 건가요?"

"하하하, 항구를 건설하는 게 그렇게 간단한 문제가 아니거든. 구만아, 집을 지으려면 제일 먼저 무얼 해야 할까?"

"항구를 만들다가 갑자기 웬 집이요? 그거야 당연히 기초 공사겠지요. 땅을 파고 기초를 다지는 일이 먼저잖아요."

"그렇지? 기초 공사를 하려면 우선 땅의 성질부터 알아야겠지. 땅 속이 단단한지 무른지, 지반을 이루고 있는 흙의 주요 성분은 어떤 것인지, 바위가 박혀 있는지 없는지부터

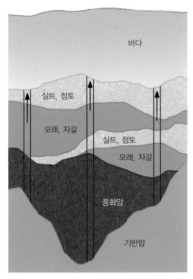

실트, 점토

모래, 자갈

실트, 점토

모래, 자갈

바다

풍화암

기반암

주상도 암석이나 지층의 성질 등 땅속의 상태를 알려 주는 흙기둥 그림

조사해야겠지. 항구를 만들 때도 마찬가지거든. 방파제나 안벽과 같은 구조물을 세우려면 땅과 바다의 바닥 상태부터 조사해야 해. 이를 해저 지반 조사라고 하는데, 방법은 육상에서와 마찬가지로 땅 파는 장비로 깊이마다 흙의 성질을 확인할 수 있도록 표본을 채집하는 거란다. 이를 그림으로 그려 놓은 것을 주상도柱狀圖라고 하지."

"방파제는 꼭 쌓아야 하는데, 표본을 채집해서 지반을 조사했더니 진흙이나 모래처럼 물렁물렁한 흙으로 되어 있으면 어떻게 해요?"

"그런 땅 위에 그냥 방파제를 설치했다가는 진흙이나 모래 속으로 묻혀 버리겠지. 하지만 방법이 없는 건 아니야. 그럴 때는 특수한 형태의 방파제를 쌓으면 된단다. 예를 들면 파일말뚝을 여러 개 박고 그 위에 수평으로 철판을 이어 붙이는 방법이 있지. 돌로 쌓는 일반 방파제보다 가벼워서 잘 가라앉지는 않으면서 파도는 어느 정도 막을 수 있거든. 물론 말뚝 사이로 파도가 빠져나가야 하니까 비교적 파도가 잔잔한 곳에서 사용할 수 있단다."

"그럼, 파도는 거센데 바닥이 진흙이나 모래로 되어 있어 지반이 무르면 항구를 건설할 수 없나요?"

"지반을 단단하게 만든 후에 쌓으면 되지."

"바닷속에 있는 지반을 어떻게 단단하게 만들어요?"

"진흙이나 모래의 두께가 얇으면 모두 파내면 되고……."

"진흙이나 모래층이 두꺼우면요? 모두 파내려면 돈이 많이 들 텐데요?"

"방법은 있지. 자세한 설명은 공학적 내용이라 어려우니까 생략하고, 간단하게 정리하면 단단한 콘크리트 말뚝을 박거나 모래 기둥을 박아서 흙을 개량하는 방법을 쓴단다. 그렇게 지반을 단단하게 만들고 나서 그 위에 방파제나 안벽을 쌓는 거지. 마치 반석 위에 집을 짓는 것처럼 말이야."

"아, 그런 방법이 있었군요. 그런데 삼촌, 이 방파제는 튼튼하고 안전하게 지어졌겠죠? 헤헤헤……."

준설

"구만아, 저기 저 컨테이너선 좀 봐! 너희 아버지가 모는 배랑 같은 종류인데……."

"우와! 엄청나게 크네요. 저렇게 큰 배가 들어오니까 항구가 가득 차는 것 같아요."

"하하하, 정말 그렇네. 옛날에 배들이 작을 때는 항구를 드나드는 데 아무런 문제가 없었는데 컨테이너 화물선이나 기름을 싣고 다니는 유조선처럼 큰 배가 등장한 뒤에는 항구 안, 즉 내항의 수심이 깊지 않으면 큰 문제가 생긴단다. 수심이 얕으면 배의 바닥이 바다 바닥면에 닿을 수 있어 위험하기 때문이지. 보통 저렇게 큰 배가 자유롭게 다니려면 수심이 최소 20미터 정도는 되어야 하는데 자연 상태 그대로는 그렇게 깊은 수심을 가진 항구가 매우 드물거든."

"그럼 어떻게 해요? 바다 바닥을 파내기라도 하나요?"

"그래. 네 말대로 바닥을 파서 항구를 건설하는 데 필요한 수심을 만들어야 하지. 그렇게 수심을 깊게 하기 위해 항만의 바닥을 파는 걸 준설이라고 해."

"아하, 그런 방법도 있네요. 그러려면 장비나 방법도 육지에서 땅을 파는 것과는 다르겠어요."

"물론. 보통은 준설선, 그러니까 바닥을 파는 준설 장비를 갖춘 배를 이용하지. 준설은 바닥을 파는 방법에 따라서 그랩grab 준설, 커터 석션cutter suction 준설, 호퍼hopper 준설로 크게 나뉜단다."

"그랩 준설이라면 무엇인가를 집어 올리는 건가요?"

"하하, 쇠로 만든 커다란 바가지 모양의 그랩을 사용해 바닥의 흙을 퍼 올려 바지선하천이나 내항에서 주로 사용하는 밑바닥이 편평한 화물 운반선으로 옮기는 방법이지. 바닥이 비교적 부드러워서 그랩이 깊숙이 파고들 수 있는 점토질 흙에 가장 효과적이란다."

"물속에서 흙을 퍼내야 하니 바닷물은 온통 흙탕이 되겠네요?"

"맞아, 그랩 준설의 문제가 바로 그거란다. 아무래도 바닥을 헤집게 되니까 가라앉았던 침전물도 떠오르고, 건져 올린 흙을 바지선으로 옮기는 동안에는 그랩에서 미세한 흙과 물이 새어 나와 주변 바닷물을 흐려 놓게 되지. 흙탕물이야 가라앉으면 되니까 문제될 게 없다고 생각할 수 있겠지만, 만약 주변에 물고기 산란장이 있으면 흙이 알을 덮어 버려 죽을 수도 있고 김이나 물고기 양식장에도 피해를 주게 된단다."

"간단한 문제가 아니군요. 흙탕물이 퍼지지 않게 막을

그랩 준설

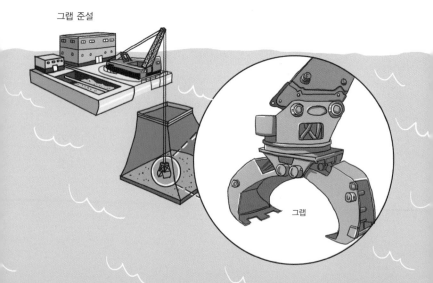

그랩

수는 없나요?"

"물론 오탁 방지막이라는 것을 치기도 하는데 물의 흐름이나 파도 세기에 따라서는 효과를 발휘하지 못하거나 오히려 작업을 방해하는 경우도 있어서 현장 상황을 보고 판단해야 한단다. 자연을 상대로 일할 때 항상 옳은 방법은 없기 때문에 상황에 맞는 판단을 하기 위한 풍부한 경험과 지식이 필요하지."

"자연을 상대로 일을 한다는 게 참 어렵군요."

"그랩으로 퍼내기 어려울 만큼 바닥의 흙이 비교적 단단할 때는 커터 석션 준설방법을 선택한단다. 준설선 앞에 달려 있는 커터라고 하는 회전 톱이 바닥을 파면 펌프가 진공청소기처럼 바닥의 흙을 빨아들여 준설하는 방법이지. 빨아들인 흙은 파이프를 통해 바로 육지로 보내 그랩 준설처럼 배에 옮겨 실어야 하는 불편은 없지만, 준설해야 할 곳에 돌이 있거나 그물이나 로프 같은 쓰레기가 있으면 회전 톱이 망가지거나 톱에 감기는 사고가 일어날 수 있어. 실제로 우리나라는 로프나 그물, 폐타이어, 쇳덩어리, 심지어 가전제품 등 바다에 버려진 쓰레기가 많아 준설하는 데 어려움이 많다고 하더라. 바닷속이 잘 안 보인다고 마구 쓰레기를 버

커터 석션 준설

려 바다생물은 물론 사람에게 피해가 되돌아오는 거지."

"아휴! 바다쓰레기가 환경만 오염시키는 게 아니군요."

"그렇지. 또 다른 방법 호퍼 준설은 그랩 준설과 커터 석션 준설의 장점을 모아서 만든 방식이야. 커터 석션 준설의 커터를 없애고 그랩 준설의 준설토를 모으는 바지선을 준설선으로 끌어들여 하나의 배로 만든 거지. 이 방법은 서해안처럼 펄이 있는 곳에서 주로 사용하게 된단다."

"삼촌, 장점을 살렸다고 하셨는데 어떻게 바닥을 파서 어떻게 흙을 끌어올리는지 잘 모르겠어요."

"이 장비는 흙을 파는 것이 아니라 진공청소기처럼 빨아들이는 거란다. 그렇게 빨아올려진 흙은 배에 실었다가 육지

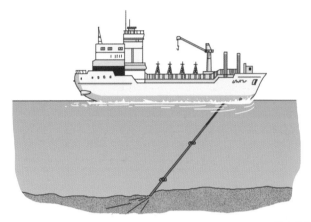

호퍼 준설

로 옮기는 거지. 따라서 흙이 단단하거나 돌이 많은 곳에서는 사용할 수 없지만, 준설한 흙을 배에 싣고 다닐 수 있으므로 준설토를 처리하기는 편하지. 문제는 호퍼 준설선이 다른 준설선에 비하여 매우 비싸다는 거야. 전 세계를 상대로 준설 사업을 하는 몇 개 회사만 갖고 있고 준설선을 빌려 사용하는 요금도 만만찮게 비싼 편이지."

"그럼 자주 사용할 수는 없겠네요."

"그렇지. 준설하는 양이 많지 않을 때에는 쉽게 쓸 수 없어. 부산 신항과 같이 큰 항구를 만드는데 준설할 흙은 많고 그 흙을 멀리 버려야 할 경우에 호퍼 준설을 선택한다."

"네에. 그런데 삼촌, 준설한 흙은 아무 데나 버릴 수 없나 봐요?"

"물론이지. 우리나라도 준설한 흙준설토은 중금속에 오염되어 있다고 여겨 폐기물로 분류하고 있거든. 예전에는 해저뿐 아니라 육지에서 나온 준설토도 바다에 내다 버릴 수 있었는데 2012년부터는 국제 협약에 따라 반드시 육지에서 처리해야 해."

"와, 전국에서 파내는 준설토의 양이 엄청날 텐데요."

"맞아. 전국에서 나오는 양은 엄청난데 마땅한 처리 방법이 없어 문제지. 준설토로 벽돌을 만드는 방법이 개발되기는 했는데 제작비가 많이 들어 아직 널리 쓰이지 못하고 있는 형편이야. 환경에 영향을 주지 않으면서 처리비는 적게 드는 방법이 꼭 필요한 상황이지. 앞으로 이 사회의 주인이 될 너 같은 젊은이들이 이런 분야에 도전해 보는 것도 가치 있는 일이 아닐까?"

"좋아요! 저의 꿈 목록에 적어 놓을게요."

모형실험

"구만아, 항구의 크기와 모양, 출입구의 방향과 폭, 방파제의 높이와 길이 등을 결정하는 데 필요한 자료들이 뭐라고 했지?"

"파고, 파향, 조석, 조류, 해저 지반 등이라고 말씀하셨잖아요."

"역시 훌륭한 학생이야, 하하하하. 문제는 그것들은 어디까지나 기초 자료일 뿐으로, 실제 자연에서 일어나는 현상을 완벽하게 보여 주지는 못한다는 거야. 실제로 만들어 봐야 항구에서 하역 작업을 할 수 있을지 없는지를 확인할 수 있는 깃이니까. 그렇다고 무턱대고 항구부터 건설했다가 문제가 생기면 쉽게 고치기도 어렵고, 설사 고친다고 하더라도 추가로 비용이 들게 되어 바람직하다고 할 수는 없지."

"에이, 삼촌. 다른 방법이 있는 거죠?."

"눈치는……. 그래, 설계를 제대로 하고 있는 것인지 확인하는 과정을 거치는 거야."

"확인이라! 삼촌, 모형을 만들어 실험을 하면 될 것 같은데요."

"그것도 한 방법인데 오랫동안 고민한 만큼 방법은 여러 가지가 있단다. 일단 삼촌 연구실로 가서 이야기하자."

"헤헤헤, 어려운 내용인가 봐요. 연구실로 가자고 하시는 걸 보니."

"원, 녀석도. 하하하."

| 수치 실험 |

"먼바다에서 생긴 파도는 육지로 다가오면서 형태가 변하는 것은 알고 있지?"

"네. 육지 쪽으로 와서 수심이 얕아지면 파도는 물거품을 만들며 부서지거나 장애물을 만나 바다 쪽으로 되돌아가기도 하죠."

"그래. 그러한 파도의 크고 작은 변화를 정확히 예측할 수 있다면 항구가 들어설 곳의 파향이나 파고 등도 계산해 낼 수 있단다."

"문제는 계산이 간단하지 않다는 거죠?"

"예전에는 계산해 내기가 어려웠지만 컴퓨터의 등장으로 그 문제는 해결되었단다."

"역시 계산하면 컴퓨터죠! 그런데 계산을 하려면 기초 자료가 있어야 하는 것 아닌가요?"

"물론이지. 파고를 계측한 위치에서 항구까지 파도의 높이와 방향이 어떻게 변화할지를 계산하려면 기압과 수심, 바람의 속도, 방향 등을 컴퓨터에 입력해야 된단다."

"숫자로만 계산하는 거예요?"

"아니지. 수치 실험은 컴퓨터를 이용해서 현실의 실제 상황을 유추해 보려는 작업이니까 항구의 모형을 컴퓨터 안에 만들어 각각 필요한 수치들을 해당 위치에 대입해 계산해 보는 거란다. 그 덕분에 날씨 예보할 때 바다의 파고도 예보할 수 있게 된 거야."

"아! 그렇군요. 일기 예보 방송에서 봤어요."

"실제 바다에서 파도가 항구 안까지 들어오려면 방파제를 지나야 하는데, 대부분의 파도는 방파제에 막혀 항구 안까지 들어오지 못하고 일부만 들어오게 된단다. 항구 안으로 들어온 파도는 안벽이나 물양장 등의 벽에 부딪혀 반사되어 자잘한 파도로 바뀌게 되지. 이러한 상황을 전부 고려하여 계산해 낸 수치로 건설할 항구 내항이 얼마나 잔잔할지 예측하는 거란다. 그리고 나서 항구를 건설할지 아닐지를 결정하

항내 파고 계산 수치 실험 그림의 오른쪽에서 왼쪽으로 파도가 밀려와 육지에 부딪히면서 파도의 모양이 변하는 모습으로 이를 수치로 계산해 낸다.

는 거야. 여기 이 그림은 항구 설계를 위한 수치 실험Computer Simulation을 한 보기란다."

"에휴, 그림만 봐서는 잘 모르겠어요."

"그림 설명글을 읽어 보면 이해될 거야. 수치 실험은 컴퓨터만 있으면 되니까 공간이 필요 없고 비용이 적게 들며 실험 결과를 쉽게 확인할 수 있다는 장점이 있는 반면에 자연현상을 수학적으로 나타내야 하는 한계가 있단다. 더구나 아무리 컴퓨터 기술이 발달했다고 해도 현실을 그대로 구현해 낼 수는 없어. 영화에서 특수 효과를 위해 사용하는 컴퓨터그래픽CG, Computer Graphics을 생각해 보면 이해가 될 거야. 아무리 정교하게 처리해도 실제와는 차이가 있잖니."

"요즘은 잘 모르겠던데……."

"그만큼 컴퓨터 관련 기술이 발달하긴 했지만 실제를 100퍼센트 실현해 내지는 못한단다. 그래서 수치 실험도 대략적인 경향을 알아보는 것으로 만족해야 해."

| 수리 모형실험 |

"삼촌, 그럼 수치 실험 말고 다른 방법은 없나요?"

"아까 네가 말한 대로 항구를 조그맣게 줄여 만든 축소 모형으로 실험하기도 하지. 숙소시킨 항구와 방파제 모형을 만들어 놓고 실제로 파도를 일게 하여 실험하는 방법인데 수리 모형실험이라고 하지. 물론 이 방법도 실제 항구에서와 똑같을 수는 없지만 수치 실험의 경우보다는 정확해서 좀 더 많이 선택하는 방법이란다. 이 실험은 가급적 실제 크기에 가까울수록 결과가 정확하므로 정밀한 결과를 얻으려고 할수록 실험 비용이 많이 들고 시설을 만들 더 넓은 장소 등이 필요하다는 단점이 있지. 그래서 어쩔 수 없이 모형을 줄여야 하는 한계가 있단다."

"어휴! 쉬운 게 하나도 없네요."

"하하하하, 그렇다고 포기할 수는 없지! 잘 봐라. 숙소 모형을 이용하는 실험으로는 방파제의 돌이 파도에 잘 견디는지, 파도가 방파제를 넘어 항구 안으로 얼마나 들어오는지를 알아보는 2차원2D 단면 실험과, 수치 실험에서 제시한 항구의 크기와 모양, 출입구의 방향과 폭을 가지고 항구 내의 파고가 얼마나 되는지를 알아보는 3차원3D 평면 실험이 있단다."

"2차원, 3차원……. 드디어 복잡해지는군요."

■ 2차원 단면 실험

"하하, 복잡하니? 용어에 얽매이지 말고 그냥 실험 순서를 따라가면 돼. 앞에서 방파제가 무너지면 안 되니까 파고를 확인한 후 계산해서 방파제 돌의 무게를 정한다고 했잖니. 그 계산한 값대로 방파제를 쌓으면 정말 안전한지를 확인해야 하는데, 현재의 기술 수준으로는 파도가 방파제에 부딪힐 때 작용하는 힘과 마찰 정도를 대략 알 수 있을 뿐 정확히 계산할 수는 없어서 수리 모형실험을 다시 한 번 더 거치는 거란다. 직접 눈으로 보면 훨씬 이해가 쉬울 거야. 자, 실험실로 가보자."

"와, 삼촌이 말씀하신 그 수리 모형실험인가요?"

"그래. 이 모형으로 방파제의 안전성을 실험하는 거야. 이 실험을 2차원 단면 실험이라고 하는 것은 파도가 실험실의 가로^{길이}와 세로^{높이} 방향으로만 치고 폭 방향으로는 변화가 없기 때문이지. 텔레비전 화면이 실제로는 3차원적 공간을 촬영한 것이지만 가로와 세로만 변하는 평면으로 보여져 2차원이라고 하는 것과 마찬가지야."

"아, 맞다! 입체적으로 보이는 영화를 3D영화라고 하잖아요."

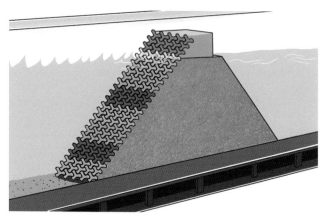

방파제의 안전성을 실험하는 수리 모형실험 어느 정도 세기의 파도까지 방파제가 무너지지 않고 버틸 수 있는지를 알아보는 실험이다.

"그래. 바로 그런 의미야. 복잡하지 않지?"

"네. 직접 보니까 이해하기가 더 쉽네요. 축소 모형이라고 해도 생각보다 훨씬 작네요."

"실험을 하려면 실물 크기를 줄여 모형을 만드는 데 그 줄이는 정도를 축척scale이라고 한단다. 가장 좋은 실험은 실물과 똑같은 크기로 하는 것이지만 비용도 많이 들고 현실적으로 불가능하기 때문에 줄여서 실험을 하는 거지."

"그렇다고 무턱대고 작게만 만들 수는 없을 것 같은데요?"

"잘 맞혔어. 크기를 줄일수록 돈과 시간, 노력은 절약되겠지만 모형이 너무 작아지면 실제를 반영하지 못해 원하는 결과를 얻을 수 없단다. 모형 크기에 맞추어 파도의 크기도 줄여야 하는데 너무 작은 파도는 실험실에서 만들기 곤란하기도 하고. 그래서 경험에 의하여 1/50 크기를 최소 크기로 하고 있지."

"삼촌, 이렇게 축소한 모형으로 방파제의 돌이 파도에 얼마나 잘 견디는지, 방파제를 넘어오는 파도가 얼마나 되는지를 실험하는 거라고 하셨죠?"

"그래. 이 2차원 단면 실험의 목적은 방파제의 안정성과 방파제를 넘어 항구 안으로 떨어지는 물의 양월파량을 확인하는 거란다. 이 수리 모형실험을 하려면 관측 자료를 통해서 결정된 설계 파고를 실험실에서 재현할 수 있도록 축척 작업을 먼저 해야 해. 예를 들어 1/50 축척에 설계 파고가 10미터라면 실험실에서는 20센티미터 높이의 파도를 만들어야 하지. 물결을 일으키는 널빤지라는 뜻의 철판으로 된 조파판을 좌우로 움직이면 파도가 만들어지는데, 파고계로 그 높이를 측정하여 20센티미터가 될 때까지 조파판을 조정한단다. 그렇게 만들어진 설계파항만 및 해안 구조물 설계에 적용하는 파랑를 방파

프루드의 상사 법칙

축척을 적용할 때는 일정한 법칙이 있는데 이를 상사 법칙이라고 하며, 방파제의 안정성을 실험하는 데 적용하는 법칙은 프루드Froude상사 법칙이라고 합니다. 이 법칙에 의하면 길이는 그대로 줄이지만 무게는 세제곱으로 줄여야 합니다. 즉, 1/50로 줄일 때 현실에서 파고가 5미터라고 하면 실험실에서는 10센티미터(=500센티미터/50)가 되는데, 무게가 25톤인 돌은 0.2킬로그램(=25,000킬로그램/50^3)이 되는 것입니다.

현실에서 파도 높이 5미터	실험실에서의 파도 높이 10센티미터
현실에서 돌의 무게 5톤	실험실에서 돌의 무게 0.2킬로그램

프루드의 상사 법칙

아래 사진은 수리 모형실험에 쓰이는 테트라포드의 모형입니다. 이 모형을 만들려면 먼저 테트라포드의 크기를 알아야 합니다. 원래 테트라포드의 무게가 20톤이라고 하면 111쪽 표를 참고하면 높이는 3060밀리미터입니다. 이것을 원래의 1/50 축척으로 축소시키면 61.2밀리미터가 됩니다. 그 크기로 만든 모형 테트라포드를 종이컵 옆에 세워 보면 종이컵보다 조금 낮습니다.

테트라포드 모형의 크기

제로 밀려 보내 설계한 방파제가 움직이는지 아닌지 안정성 실험을 하는 거지."

"만약 방파제가 움직이면 어떻게 해요?"

"돌의 무게가 충분하지 않다는 것이므로 무게를 늘려야 하겠지. 반대로 방파제가 지나치게 크게 만들어졌다면 무게를 줄이기도 한단다."

"크면 튼튼하니까 좋은 거 아닌가요? 큰 것을 줄이기도 해요?"

"쓸데없이 클 필요가 없지. 적당한 크기로 줄이면 비용을 줄일 수 있는데."

"아! 그렇군요. 그럼 방파제를 넘어오는 파도의 양을 측정하는 것은 방파제의 높이를 낮추거나 높이기 위해서 재는 거로군요."

"그렇지. 방파제를 넘어오는 바닷물의 양인 월파량에 따라 방파제의 높이뿐만 아니라 모양도 파도의 힘을 줄일 수 있는 형태로 달라지기 때문에 이를 측정하는 것은 방파제 설계에서 매우 중요하단다."

■ 3차원 평면 실험

"이젠 입체감이 있는 3차원3D이네요."

"그래. 이번엔 파도의 길이와 높이만이 아니라 폭까지 모두 세 방향으로 변하는 3차원의 경우를 살펴볼 차례란다. 아무래도 2차원 단면 실험으로는 방파제에 직각 방향길이와 높이으로 부딪히는 파도만 실험하게 되는데 현실에서는 그렇지 않은 경우가 대부분이잖아. 또한 방파제 입구의 방향과 길이에 따라 항구 안으로 들어오는 파도의 세기도 달라지거든. 이런 점들은 방파제 설계에서 중요한 요소인데 2차원 단면 실험만으로는 충분하지 않아 3차원 평면 실험을 더 하는 거란다."

"삼촌 실험실에는 3차원 평면 실험 장치는 없나요?"

"아직은……. 3차원 평면 실험을 하려면 2차원 단면 실험보다 훨씬 넓은, 최소한 실내 체육관 정도의 공간이 필요하거든. 설계하려는 항구가 작으면 2차원처럼 1/50 축척도 할 수 있지만 부산항처럼 큰 항구는 1/50 축척으로 축소하려고 해도 실험실이 매우 커야 하겠지?"

"그 정도 크기라면 실내에서는 불가능하겠는데요."

"맞아! 이런 경우 보통은 축척을 더 줄이는데 그렇더라

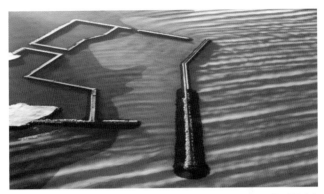

평면 실험 방파제의 길이와 방향을 결정하기 위한 모형 실험이다.

도 최소 1/150보다 더 줄이지는 않는단다. 이보다 더 줄이면 격차가 너무 커져서 실제와는 동떨어진 결과가 나올 수 있기 때문이지."

"그렇게 큰 실험실을 만들려면 돈도 많이 들겠어요?"

"항구를 잘못 만들어 사용하지 못하거나 새로 고치는 데 쓸데없이 들어가게 될 막대한 비용을 생각하면, 돈이 좀 들더라도 세심한 실험 결과를 바탕으로 제대로 만드는 것이 더 중요하겠지. 넓게 보면 손해도 덜 보는 것이고."

4장
다양한 방파제들

"삼촌, 전 방파제를 쌓기 위해 이렇게 연구하고 실험까지 하는 줄 몰랐어요. 항구마다 있는 방파제가 중요하다고 생각한 적도 없었던 것 같고요. 그냥 돌로 둑을 쌓아 놓은 것이라고만 생각했어요."

"오호, 그랬니? 하긴 처음에는 네 말대로 주위에서 쉽게 구할 수 있는 돌로 방파제를 만들었잖니. 직접 돌을 날라 와서 바닷물 위로 돌이 올라올 때까지 수없이 작업을 반복했던 거지. 그러다가 항구의 규모가 커져서 더 이상 돌을 날라다 던져 넣는 작업으로는 감당이 안 되자 방파제 만드는 기술을 이리저리 고민하게 된 것이지."

"그럼 방파제를 만드는 기술은 언제부터 이렇게 발전했나요?"

"본격적인 기술 발전은 20세기 들어와서였지. 방파제를 쌓는 재료도 다양해졌고. 자, 이제 방파제를 만들 때 사용하는 재료를 한번 살펴볼까?"

사석 방파제

"다양한 재료라고요? 그럼 방파제를 돌로만 쌓는 게 아닌가요?"

"자연석으로 방파제를 쌓는 데는 한계가 있으니 대신할 수 있는 재료들을 만들어 낸 것이지. 먼저 돌로 쌓은 방파제 이야기부터 해 볼까? 방파제를 만들 때 사용하는 돌을 사석이라고 하는데……."

"사석? 그럼 돌로 만들어진 방파제는 사석 방파제라고 하겠네요."

"그래. 자연에서 흔히 볼 수 있는 버려진 돌을 사석이라

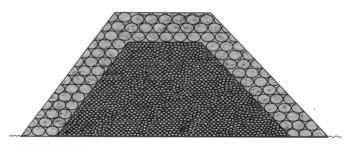

사석 방파제 단면

고 한단다. 잡석이라고도 하지. 사석 방파제는 중심 부분^{core}인 안쪽에는 작은 크기의 돌을 사용해 쌓고 바깥쪽으로 갈수록 큰 돌을 사용하는 거지."

"크기가 다른 돌을 사용하는 특별한 이유라도 있나요?"

"그거야 방파제를 쌓는 목적을 생각해 보면 알 수 있지 않겠니!"

"방파제는 파도를 막아 항구 안을 잔잔하게 만드는 건데, 그 때문에 크기가 다른 돌을 사용한다는 건⋯⋯."

"이해가 안 되는 모양이구나. 구만아, 방파제에 작은 돌을 사용하면 파도가 밀려오더라도 파고들 틈이 없지 않겠니? 그렇다고 작은 돌만 사용하면 거센 파도를 견디지 못하고 쓸려갈 테니 방파제 바깥쪽에는 큰 돌을 쌓는 거지. 그런

104

의미에서 사석 방파제는 큰 돌과 작은 돌이 조화를 이루면서 역할을 분담하고 있다고 할 수 있는 거란다."

"삼촌, 사석 방파제를 만들려면 돌이 엄청 많아야 할 텐데 그 많은 돌을 어디서 다 구하지요?"

"보통은 육지에 있는 돌산의 돌을 다이너마이트로 폭파시켜서 가져오지. 그런데 이 방법은 비교적 큰 돌은 얻을 수 없기 때문에 규모가 작거나 파도가 거세지 않은 항구의 방파제를 쌓을 때만 쓸 수 있단다."

"만약 그런 곳에 태풍이라도 불어오면 방파제가 견딜 수 없겠네요."

"그래서 과거의 데이터가 중요한 것이지. 태풍 피해가 적었던 곳에 적용해야 하니까. 이제는 수심이 얕고 파도가 세지 않아서 항구를 만들기에 적합한 곳은 거의 없기 때문에 사석 방파제는 점점 줄어들고 있단다."

"네. 그럼 요즘 만드는 방파제나 큰 항구의 방파제는 무엇으로 만들죠?"

"구만아, 아까 우리가 갔던 바닷가의 방파제는 무엇으로 만들어졌는지 봤니?"

"음, 방파제 바닥은 시멘트로 포장되어 있었고……, 맞

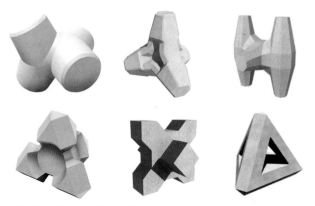

소파블록의 종류 왼쪽 위부터 오른쪽으로 시록, 라쿠나, 코아록, 딤플, X블록, 삼각 중공블록이다.

다. 기둥 같이 생긴 엄청나게 큰 콘크리트 더미들이 쌓여 있었어요."

"하하하하, 그걸 소파블록이라고 한단다. 파도가 큰 대부분의 항구에서는 자연에서 구한 돌 대신 콘크리트로 만든 사석을 사용하지. 그런 콘크리트 사석을 흔히 소파블록이라고 하는데 우리가 방파제에서 봤던 건 소파블록 중에서도 테트라포드라고 하는 거야."

"헉! 콘크리트 사석, 소파블록, 테트라포드……. 새로운 용어들의 거침없는 등장이군요."

"하하하하, 용어가 그리 어렵진 않잖아?"

"소파요? 앉는 의자는 아니겠죠."

"소파는 한자어로 消波라고 쓰는데 파도의 에너지를 줄여 준다는 뜻이란다. 울퉁불퉁하게 생긴 소파블록에 파도가 부딪히면서 그 힘이 줄어드는 것이지. 그래서 일본처럼 큰 항구가 많고 태풍이 자주 올라오는 나라는 파도를 막기 위해 소파블록을 많이 쓰고 있지."

"그럼 삼면이 바다로 둘러싸인 우리나라도 소파블록을 많이 쓰겠네요?"

"그렇지. 방파제에 사용하는 소파블록의 무게는 보통 수

일본의 바닷가에 설치된 소파블록

십 톤이 넘고 종류도 수십 가지나 되지. 각각의 블록은 특징이 있어서 방파제를 쌓을 곳의 자연조건, 방파제의 크기 등 현장 상황에 맞추어 그때그때 선택해서 쓴단다."

"아까 갔던 방파제는 여러 가지 소파블록 중 테트라포드를 선택한 것이고요."

"그래. 우리나라 항구에서는 대부분 테트라포드를 쓰고 있지."

"'테트라포드'는 의미가 있는 말인가요?"

"테트라포드tetrapod의 테트라는 '4'를 뜻하는 그리스 말이고 포드는 영어로 '발'이라는 뜻이란다. 풀어 보면 발이 네 개 있는 블록이지. 1950년대에 프랑스에서 개발되었는데 우리나라 외에도 많은 나라에서 오랫동안 사용하고 있지. 그런데 결정적인 약점이 하나 있어."

"결정적 약점? 그게 뭔데요?"

"파도가 거센 곳에 테트라포드를 설치하려면 무게를 늘려야 하니까 자연히 다리의 길이가 길어져야 하거든. 그런데 다리가 길어지면 작은 충격에도 쉽게 부러진다는 거야."

"파도를 막아야 하는데 다리가 부러지면 어떡해요?"

"원래 테트라포드는 자체의 무게로 파도에 저항하기도

다리가 부러진 테트라포트

하지만 발이 서로 엇갈려 맞물리면서 그 힘이 더 커지는 것
인데, 다리가 부러지면 맞물리는 힘이 약해져서 파도에 견디
지 못하게 되지. 그래서 파도가 높은 동해안과 태풍의 길목
에 있는 제주도 남쪽 그리고 흑산도 주변의 항구에서는 테트
라포드 대신 시록이나 딤플 같은 다른 소파블록을 사용하기
도 한단다."

　"그럼 처음부터 모든 방파제에 테트라포드보다 튼튼하
고 강력한 소파블록을 쓰면 되잖아요?"

　"하하하하, 왜 그렇게 못하는지 한번 생각해 보렴."

"으흠……. 비용 때문에 그런가요?"

"딩동댕. 테트라포드는 특허 사용료가 없어서 다른 소파 블록에 비해 가격이 싼 편이거든."

"와! 그런 것도 특허를 받는군요. 그래서 테트라포드로도 충분히 파도를 막을 수 있는 곳에는 특허 사용료가 없는 테트라포드를 쓰고……."

"테트라포드보다 강력한 소파블록이 필요한 곳에는 비싼 특허 사용료를 물더라도 어쩔 수 없이 다른 소파블록을 사용하는 거지. 구만아, 네가 좀 더 강하고 튼튼한 소파블록을 개발해 보는 건 어때? 개발해서 세계 특허를 받아 놓으면 국가적으로도 이득이 될 텐데."

"아휴, 앞으로 해야 할 일이 정말 많네요. 제 꿈 목록이 하나 더 늘겠는데요?"

"꿈은 크고 많을수록 좋은 거 아니겠니? 포기하지 않고 열심히 노력하면 이룰 수 있을 거야."

"그런데 삼촌, 테트라포드 한 개의 무게는 얼마나 돼요?"

"간단하게 무게를 알 수 있는 방법이 있지. 바닥에서부터 테트라포드의 높이를 잰 뒤 옆의 그림 속 표에 맞추어 보면 무게를 알 수 있단다."

높이(mm)	무게(ton)
900	0.5
1130	1.0
1420	2.0
1650	3.2
1790	4.0
1930	5.0
2075	6.3
2260	8.0
2430	10.0
2620	12.5
2830	16.0
3060	20.0
3300	25.0
3550	32.0
3860	40.0
4155	50.0
4505	64.0
5000	80.0

테트라포드의 높이와 무게의 관계

"와, 제일 가벼운 게 500킬로그램이고 80톤짜리도 있네요. 이렇게 무겁고 큰 테트라포드는 어떻게 만들어요?"

"다음 쪽의 그림에서처럼 네 조각의 철판을 결합시켜 만든 거푸집 안에 콘크리트를 부은 다음, 28일이 지난 뒤에 조립한 순서의 반대로 철판을 뜯어내면 완성된단다."

"콘크리트 외에 다른 건 섞지 않나요?"

"건물을 지을 때는 반드시 철근을 집어넣어야 하지만 테트라포드는 주로 콘크리트로만 만들어 사용했지. 그런데 최

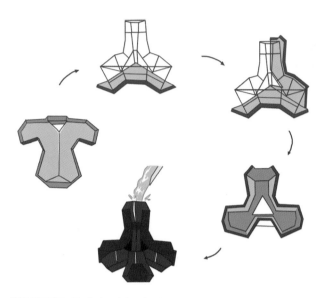

철근 테트라포드를 만드는 과정 거푸집의 바닥판을 만든다. _철근을 세워 조립한다. _옆판을 조립한다. _거푸집을 완성한다. _거푸집에 시멘트를 부어 굳히면 테트라포드 완성!

근 파도가 거센 지역에서 테트라포드의 다리가 부러지는 사고가 자주 일어나자 철근을 넣은 테트라포드를 개발하여 사용하고 있단다."

"와, 철근까지요! 이제 테트라포드가 튼튼해졌으니까 수심이 깊은 곳도 문제없이 방파제를 쌓을 수 있겠네요."

케이슨 방파제

"구만아, 파도의 세기와 바닷물의 깊이는 문제가 다르지 않을까? 수심이 깊다고 비싼 테트라포드를 넣고 또 넣고 할 수는 없으니 다른 방법을 생각해야겠지!"

"앗, 그렇군요. 당연히 방법을 찾았겠죠?"

"물론이지. 바닷물의 수심이 깊거나 드물게 주변에서 돌을 구할 수 없는 곳에서는 비용과 노력을 아끼기 위해 케이슨Caisson 방파제를 쌓기도 한단다."

"케이슨 방파제라면 케이슨이 사석 대신인가요?"

"하하하, 케이슨이 사석을 대신하지만 그 원리는 전혀

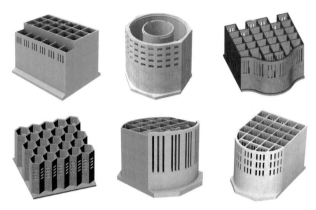

다양한 형태의 케이슨

다르단다. 케이슨은 아파트 5~6층 높이의 콘크리트 구조물
을 말하는데, 케이슨을 만들어 방파제 쌓을 곳에 가라앉히는
것이라고 생각하면 쉽게 이해될 거야. 보통 케이슨 하나의
길이가 10~20미터 정도이므로 방파제를 만들려면 여러 개
의 케이슨이 필요하지. 케이슨은 위의 그림처럼 생겼단다."

"와, 모양이 다양하네요! 삼촌, 케이슨 방파제도 문제점
은 있겠죠?"

"녀석, 점점 질문이 날카로워지는데! 케이슨 방파제의
문제는 우선 사석 방파제처럼 파도의 힘을 줄여 주는 소파블
록이 없기 때문에 자체의 무게로만 파도를 막아 내야 한다는

것이지. 그러니 케이슨의 크기가 커질 수밖에 없어. 케이슨은 덩치는 크지만 속이 비어 있어서 안에 모래나 자갈 등을 채워 넣어 무게를 늘리고 있단다."

"케이슨의 무게도 파도의 힘을 견뎌야 하니까 엄청나게 크고 무거워야겠어요."

"맞아. 그런데 케이슨의 결정적인 문제점은 밀려와 부딪치는 파도의 압력파압을 줄여 주지 못한다는 거야. 그래서 케이슨에 구멍을 뚫어 파압을 줄이는 방법을 개발했는데 이를 슬릿 케이슨slit caisson이라 하지. 슬릿 케이슨은 파압을 줄여 주기는 하지만 자칫하면 케이슨이 깨어질 위험성이 있단다."

"필요는 발명의 어머니라고 했잖아요. 그러니까 케이슨의 모양이 다양한 것도 결국 이런저런 문제를 해결하다 보니 그렇게 된 것이겠죠?"

"오호, 대단한 걸. 네 말대로 가장 큰 문제인 케이슨에 작용하는 파압을 줄이고 겉모습도 멋있게 꾸미기 위해 연구한 결과, 다양한 모양의 케이슨이 만들어졌단다. 지금까지는 주로 일본에서 많이 개발되었는데, 최근에는 우리나라에서 개발된 것도 여럿 있단다."

혼성 방파제

"삼촌, 사석과 케이슨 방파제 말고 다른 방파제는 또 없나요?"

"왜 없겠니! 우선 사석 방파제와 케이슨 방파제의 장점만을 살려서 만든 방파제가 있는데 이를 혼성 방파제라고 하지."

"혼성이라면 사석과 케이슨을 섞어 사용한다는 건가요?"

"그렇지. 예를 들어 수심이 깊은 곳에 케이슨만 가지고 방파제를 쌓으려면 케이슨의 크기가 아주 커지겠지?"

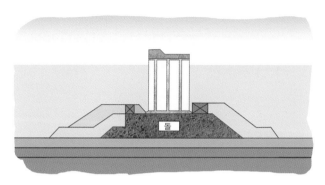

혼성 방파제의 표준 단면도

"네! 너무 큰 케이슨은 만들기도 어렵겠지만 운반하기도 힘들 것 같아요."

"맞아. 그래서 그런 경우에는 사석으로 어느 정도 바닥을 다져 높인 후에 케이슨을 적당한 크기로 만들어 올려놓는단다."

"삼촌 말씀을 듣다 보니 방파제의 종류를 결정하는 것은 바닷물의 깊이, 즉 수심이네요. 맞죠?"

"수심이 방파제 종류를 결정하는 중요한 요소 중의 하나이기는 하지만 경제적인 면을 무시할 수도 없단다. 그래서 보통은 자연조건과 비용이 적게 드는 쪽으로 방파제 종류를 결정하게 되지."

그 밖의 다른 방파제들

"흠, 역시나 비용이 문제군요. 삼촌, 방파제 종류는 이게 다인 거죠?"

"아니야. 사용한 예가 드물기는 하지만 완전히 개념이 다른 방파제도 있단다. 파도 높이가 높지는 않지만 수심이 깊거나 해저 바닥이 깊은 진흙층이어서 일반 방파제를 설치하기 어려운 곳에서는 방파제를 배처럼 띄우기도 해."

"띄우는 방파제요?"

"그래. 물 위에 띄웠다고 해서 부유식 방파제라고 한단다. 재료로는 철이나 콘크리트를 주로 사용하는데 자원을 재

활용하기 위해 폐타이어나 페트병 등을 묶어서 활용하기도 하지. 우리나라에는 경상남도 통영과 마산에 부유식 방파제가 있단다."

"와아, 페트병이 그렇게도 재활용되는군요."

"그 밖에 파일말뚝만 여러 개 박아서 파도를 막는 파일식 방파제도 있단다. 물론 파도를 완벽하게 막지는 못하기 때문에 항구를 만들 때보다는 바닷가 모래가 쓸려 나가는 것을 막거나 바닷가 시설물을 보호해야 할 경우에 주로 설치하고 있지."

"우리나라에도 있어요?"

"아직은 없어. 그러나 동해안처럼 파도가 높고 해안 침식으로 바닷가 모래가 줄어드는 해역에 적용해 볼 만한 형식이기는 하지. 파도의 힘을 좀 더 줄이기 위해서 파일 위에 구멍 뚫린 철판을 덮기도 하는데……."

"구멍이요? 그건 철판이 파도를 견디지 못할까 봐 뚫는 것 맞지요?"

"그래. 만약 철판에 구멍을 뚫지 않으면 파도의 힘을 너무 많이 받아 철판이 견디지 못할 테니까. 그렇다고 구멍을 너무 크게 뚫으면 파도의 힘을 줄이는 효과가 줄어드니까 적절한 구멍 크기를 연구하는 것도 중요하단다."

"그것도 재밌겠는데요."

"하하하, 모든 게 재밌구나. 그 밖에도 무수히 많은 형태의 방파제가 있는데 일일이 다 설명할 수는 없으니 이 정도로 하고, 이제 정말로 튼튼하고 값도 싸면서 환경에 피해를 덜 주는 방파제를 개발하는 것은 너희들 몫이란다."

"점점 저희 숙제가 늘어나네요, 헤헤."

쓰나미 방파제

"삼촌, 방파제는 파도를 막기 위해 쌓는 건데 지난번 일본에 지진이 났을 때 쓰나미가 덮치니까 속수무책이던데요. 정말 무서웠어요!"

"그래, 나도 방송을 보면서 아무리 과학이 발달하고 인간들이 자연을 활용하는 기술을 가졌다고 으스대 봐도 자연의 힘 앞에서는 참으로 무력하구나 생각했단다."

"삼촌! 이건 방파제 이야기는 아닌데요, 쓰나미가 뭐예요? 쓰기는 하는데 정확히는 모르거든요."

"쓰나미는 일본어로, 한자는 津波라고 쓰고 쓰나미つなみ

라고 읽지. 태평양 연안을 따라 발달한 환태평양 화산 지대의 해저에서 발생한 지진의 영향으로 생기는 거대한 해일을 말한단다. 바닷속에서 발생한 지진으로 인한 2차 피해인 셈이지. 실은 '지진해일'이란 우리말도 있는데 전 세계적으로 워낙 많이 사용하다 보니……."

"일본말이 세계 곳곳에서 쓰이는 걸 보면 일본에 제일 큰 영향을 미치나 봐요."

"태평양 연안에 있는 나라들은 대개 피해를 입는데 특히 일본이 많은 피해를 보고 있지. 그 때문에 일본은 지진에 대한 연구가 활발하게 이루어지고 있고 쓰나미에 대한 연구도 많이 하고 있단다. 쓰나미를 막기 위한 특수한 형태의 방파제를 개발했을 정도이니까."

"아하! 그걸 쓰나미 방파제라고 하는군요? 그런데 특수한 형태라면 어떤 건가요?"

"쓰나미 방파제라고 별다른 방법이 있는 것은 아니고, 현재로서는 쓰나미가 육지로 밀려오는 걸 막기 위해 바닷가에 장벽을 높이 쌓는 것이 유일한 방법이란다."

"장벽이요? 홍수를 막기 위해 강둑을 높이 쌓는 것처럼 말인가요?"

쓰나미의 피해 2011년 일본 대지진으로 발생한 쓰나미에 의해 배가 육지 위로 올라와 있다.

"하하하하, 그렇게 생각하면 이해가 쉽겠구나."

"하천 제방도 그렇지만 쓰나미 방파제도 너무 높게 쌓으면 답답할 것 같아요."

"바다를 볼 수 없다고 바닷가 주변에 사는 사람들이 싫어하기도 한다더라. 그러나 안전을 생각한다면 방파제는 가급적 높이 쌓아야겠지. 최근에 수만 명의 희생자를 낸 후쿠시마 현에서도 방파제가 너무 높다고 주민들의 불만이 많았는데 정작 규모 9.0의 강진으로 발생한 쓰나미에는 그나마도 무용지물로 밝혀져 충격을 주었지."

"우리나라는 지진이 일어나지 않으니까 쓰나미 방파제는 필요없겠죠?."

"그럴까? 우리나라도 더 이상 지진 안전지대가 아닐뿐더러 동해에서 발생한 지진으로 피해를 입었던 적도 있었는데."

"정말요? 그렇다면 우리나라도 미리미리 대비를 해야겠네요."

5장
환경을 생각하는 항구

"지금까지는 항구를 만들 때 오직 화물이나 여객을 싣고 내리기 편리하게, 방파제는 태풍 같은 큰 파도가 밀어닥쳐도 항구 안으로 파도가 밀려들지 못하도록 튼튼하게 만드는 데에만 주로 신경을 써 왔단다. 그러다 보니 항구는 온통 콘크리트 덩어리로 뒤덮여 친근감은 고사하고 삭막한 분위기를 풍기거나 때로는 사람의 안전을 위협하기도 했지."

"항구의 기능에만 신경을 쓰다 보니 환경이나 미관에는 신경을 쓰지 못했다는 말씀이죠!"

"그런 셈이지. 더구나 바다 쓰레기가 늘어나면서 항구 안까지 쓰레기가 밀려와 지저분한 곳도 많고, 때로는 생활하수를 그대로 바다로 흘려보내서 여름철이면 악취를 풍기는 등 문제가 많았어."

"삼촌, 요즘은 자연 보호나 자연 친화적 환경이라고 해서 환경에 많은 관심을 기울이잖아요."

"그래. 그런 분위기 덕분에 요즘에는 새로 항구를 만들 때 앞으로 발생할지도 모르는 그런 문제들을 미리 살펴 설계에 반영하고 있지. 한 발 더 나아가 항구를 사람들이 편하게 쉬고 놀 수 있는 공간으로 만들려는 노력도 하고 있고."

"우와, 그러면 예전에 만들어진 삭막한 분위기의 항구들과는 많이 비교가 되겠어요."

"그런 항구를 바꾸는 노력은 이미 시작되었단다. 오래된 항구를 새롭게 리모델링하여 아름답고 깨끗한 항구로 탈바꿈시키는 것이지. 더불어 이제는 항구를 만들 때 환경까지 생각하는 단계에 이른 거지."

"환경을 생각하는 항구라……."

"이제는 환경을 생각할 만큼 우리 사회도 성숙했잖아. 자, 우리 다시 나가서 직접 항구를 살펴볼까?"

해수 교환 방파제

"삼촌, 이렇게 다시 방파제에 나와 보니 전하고는 느낌이 완전히 달라요. 저게 바로 테트라포드잖아요. 와, 정말 크네요. 높이가 제 키보다 조금 더 높은데 제 키가 160센티미터니까 테트라포드의 높이를 165센티미터1650밀리미터로 잡고 표111쪽 참고를 보면 무게는 3.2톤이네요. 맞죠?"

"하하하하, 우리 구만이는 배운 걸 바로바로 잘도 활용하는구나."

"아휴, 테트라포드 아래에 쓰레기가 너무 많아요. 마치 쓰레기장 같아요!"

"바다 쓰레기 문제는 정말 심각한 수준이란다. 그래서 요즘은 방파제를 설계할 때 아예 환경까지 고려해 만들려는 노력을 하고 있지. 구만아, 저기 좀 봐. 항구 모양은 항구마다 각각 다르겠지만 대부분은 저처럼 방파제로 막혀 있어서 항구 안과 바깥쪽의 물이 잘 교환되지 않는단다."

"그럼 항구 안에 있는 물이 오염되어도 바깥쪽 바다로 나가지 못하겠네요. 무슨 방법이 없을까요?"

"네 말대로 바닷물이 계속 한곳에 머무니까 악취도 나고 항만이 오염되는 등 문제가 많았단다. 한국해양과학기술원^전 한국해양연구원에서 이런 문제를 해결하기 위해 방파제에 구멍을 뚫어 물을 교환시키는 방법을 연구해 냈고 이를 해수 교환 방파제라고 하지."

"정말이요? 잘됐네요. 그런데 방파제에 그냥 구멍만 뚫으면 되는 건가요?"

"어이쿠, 구멍을 잘못 뚫으면 방파제가 무너질 수도 있기 때문에 당연히 과학적 원리를 적용해야지. 항구 안팎의 바닷물을 교환하는 데는 물이 높은 곳에서 낮은 곳으로 흐르는 자연의 법칙을 이용한단다."

"헤헤, 방파제의 위아래에 두 개의 구멍을 뚫는 것은 아

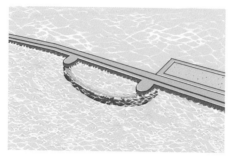

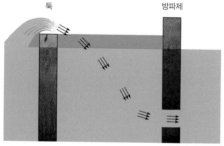

둑　　　　　　　　　방파제

해수 교환 방파제의 원리　해수 교환 방파제를 하늘에서 내려다본 모습(위)과 바닷물이 방파제 안으로 들어오는 원리(아래)

니겠죠?"

"그렇게 간단할 리가 없지! 먼저 방파제에 물이 들어갈 수 있도록 구멍을 뚫고, 바다 쪽 구멍 앞에 바닷물을 모아 놓을 수 있도록 둥근 활 모양원호형으로 둑을 쌓는 거야. 둑의 높이는 파도가 좀 높게 치며 넘어 들어올 수 있도록 해수면보다 약간만 높게 쌓는 거지."

"알겠어요. 활 모양 둑 안쪽으로 바닷물이 넘어 들어와 항구 안쪽보다 수위가 올라가면 물은 높은 곳에서 낮은 곳으로 흐르니까 뚫어 놓은 구멍을 통해 깨끗한 바닷물이 항구 안쪽으로 흘러 들어가고 안쪽에 있던 더러운 물은 항구 바깥으로 밀려 나가게 되는 거군요!"

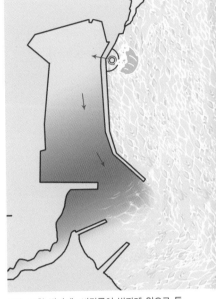

해수 교환 방파제 바닷물이 방파제 안으로 들어가고 방파제 안의 물이 바다로 빠져 나가는 경로를 보여 주고 있다.

"오우! 훌륭한데. 실제로 방파제가 길어서 바닷물 교환이 잘 안 되어 냄새가 심했던 주문진항은 해수 교환 방파제로 바꾼 뒤로 냄새도 나지 않고 전복, 소라 등이 사는 깨끗한 항으로 바뀌었단다."

친수 방파제

"삼촌, 저기 낚시하는 사람들이 있어요. 부산항 내항에도 물고기가 들어와 사나 봐요!"

"지금까지 우리가 이야기해 온 것처럼 방파제는 파도를 막기 위한 시설이지 놀이를 위한 공간이 아니기 때문에 방파제에서 낚시를 하는 것은 위험하단다."

"많은 사람들이 방파제에 나와 바다도 보고 낚시도 하고 회도 먹고 하잖아요? 그런데 그게 위험한 행동이라고요?"

"실은 그렇단다. 잘 봐, 갑자기 파도가 밀어닥쳐도 마땅히 대피할 곳이 없잖니."

"그러고 보니 햇빛을 가릴 만한 것도 전혀 없네요."

"그런데도 사람들은 방파제에서 여가를 즐기고 있지. 이 때문에 갑작스럽게 발생한 큰 파도너울가 덮쳐 방파제 위에 있던 사람이 바다로 휩쓸려 가는 사고가 종종 일어나기도 한단다."

"저도 방파제에서 낚시하던 사람이 파도에 휩쓸려 갔다는 사고 뉴스를 본 기억이 있어요."

"그래서 최근에는 친수親水 방파제라고 해서 파도를 막

포항 영일만의 친수 방파제

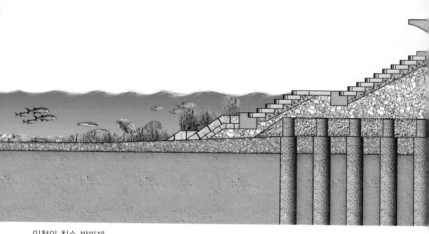

인천의 친수 방파제

는 원래 목적 외에 사람들이 안전하게 여가도 즐길 수 있도
록 설계한 방파제가 등장했단다."

　"친수 방파제라……. 삼촌, 그럼 사람들이 안전하게 바
다도 가까이서 보고 낚시 같은 것도 할 수 있겠네요."

　"물론이지. 사람들이 방파제에서 추락하는 것을 막기 위
해 난간을 설치한다거나 계단을 만들어 쉴 수도 있게 하는
것이지. 때로는 방파제 뒷면에 공간을 만들어 카페로 활용하
거나 파도가 넘어올 때 대피할 수 있도록 설계하기도 해."

6장
미래의 항구

"삼촌이랑 항구 이야기를 하다 보니까, 미래의 항구는 어떤 모습일까 궁금해지네요. 분명 지금보다는 많이 발전해 있겠죠?"

"그렇겠지! 구만아, 미래의 항구에도 이런 방파제가 있고 저 배들처럼 화물이나 사람을 실어 나르는 배가 있을까?"

"미래의 사람들도 배를 이용하지 않겠어요? 그럼 당연히 항구도 있어야겠죠. 하지만 어떤 모습일지는 상상이 잘 안돼요."

"내 생각엔 미래의 항구는 사람들의 자유로운 상상력과 그것을 실현시킬 수 있는 기술이 얼마나 발전하느냐에 따라 무한한 변신이 이루어질 거라고 봐. 요즘은 전 세계적으로 모든 분야에서 삶의 질을 중요하게 여기는 추세잖아. 아마 항구도 그런 방향으로 발전할 것이라고 생각해."

"그런 방향이란 구체적으로 어떤 모습을 말씀하시는지 잘······?"

"항구 본연의 목적이라 할 수 있는 고도의 유통 거점인 동시에 환경을 생각하는 환경 친화적 항구Eco-Port로 발전해 나갈 거라고 생각해."

"에코포트! 미래 역시 친환경이 대세군요. 결국 미래도 환경을 얼마나 보전하고 지키느냐 하는 것에 관심이 모아진다는 뜻이네요."

"그렇단다. 그런 목표를 위해 어떤 새로운 기술을 개발하려 노력하고 있는지, 또 항구의 모습을 근본적으로 바꾸게 될 기술로는 어떠한 것들이 있는지 한번 알아볼까?"

"네! 정말 기대돼요."

항구 리모델링

"지은 지 오래된 낡은 아파트를 살기 편하도록 새롭게 고치는 리모델링처럼 항구도 오래되면 낡고 불편해져 리모델링을 하게 된단다. 항구를 리모델링하려면 아무래도 처음 만들었을 때보다는 부두 시설도 넓혀야 할 테고 항구를 이용할 사람들의 요구도 반영하게 되겠지."

"사람들의 요구요?"

"그래, 항구에 대한 사람들의 기대라 할 수 있지. 요즘은 환경에 대한 인식이 높아졌으니까 친환경적 요소를 늘리라는 사람도 있을 것이고, 항구의 원래 기능 외에 공원처럼 여

리모델링 중인 항구들 부산 북항(위)과 속초 대포항(아래)의 리모델링 조감도

가를 즐길 수 있도록 적당한 놀이 시설을 갖추어 달라고 요청하는 사람도 있을 거야. 그런 요구를 반영해서 옛날에 지어진 낡은 항구를 새롭게 리모델링하는 거란다."

"사람들 요구대로 리모델링이 끝나면 단순한 항구가 아니라 깨끗하고 아름다운 공간으로 바뀌겠는데요."

"당연하지! 지금 리모델링 중인 부산의 북항과 속초의 대포항이 공사가 끝나면 그런 미래 지향적인 항구가 되지 않을까 기대하고 있단다."

하이브리드 안벽

　"삼촌, 전 미래의 항구라고 해서 공상과학영화에 나오는 획기적이고 특별한 것을 상상했는데 아니네요."

　"하하하하, 실망했니? 미래의 항구라고 해서 네 생각처럼 갑자기 바뀔 수는 없단다. 현재의 방식에서 불편한 점을 고쳐 나가는 것에서 미래의 항구가 시작되는 거야. 네 생각에 가까운 미래의 항구라 할 만한 것으로 하이브리드hybrid 안벽과 모바일mobile 항구가 있단다."

　"하이브리드, 모바일. 이런 단어가 나오니까 어쩐지 최첨단 같은 생각이 드네요."

"히하하, 녀석도. 앞에서 이야기한 안벽은 기억하고 있지?"

"물론이죠. 선박을 대어 놓고 물건을 싣고 내리는 시설이잖아요."

"그래, 잘 기억하고 있구나. 항구에서는 처리해야 할 화물은 많은데 안벽이 부족해서 선박이 항구 바깥에서 대기하는 일이 종종 일어난단다. 대기 시간이 늘어날수록 시간 손실은 물론이고 인건비도 늘어나게 되지. 이를 해결하기 위해 고안해 낸 것이 바로 하이브리드 안벽이지."

"일반 안벽과 무엇이 다른데요?"

"이동성!"

"예? 안벽이 움직인다고요?"

"하하하하, 하이브리드 안벽은 물 위에 떠 있어서 이동이 가능한 안벽을 말한단다. 선박이 안벽에 접안하면 선박의 반대편에도 하이브리드 안벽을 붙여 양쪽에서 동시에 하역 작업을 하는 방식이지."

"와, 정말 대단한 발상이군요! 선박의 한쪽에서만 짐을 싣고 내릴 때보다 하이브리드 안벽을 붙여 작업하면 시간이 절반으로 줄겠어요."

하이브리드 안벽 배의 양쪽에서 물건을 싣고 내릴 수 있는 하역 시설이다.

"선박이 하역 작업을 하기 위해 대기하는 시간이 줄어드니까 그만큼 경제적으로도 이득이지. 안타깝게도 하이브리드 안벽은 아직 실현시키지는 못하고 있지만 기술이 좀 더 발달하고 경제성이 확보되면 머지않아 우리 항구에서 볼 수 있을 거야. 하이브리드 안벽이 실현되면 안벽을 길게 만들지 않아도 되기 때문에 항구의 크기도 줄일 수 있단다. 그럼 항구 건설 경비도 따라서 줄어들겠지."

모바일 항구

"역시 기술의 발달은 비용을 줄여 주는군요. 그럼 모바일 항구는요?"

"항구 안에 선박이 많아서 혼잡하면 덩치가 큰 컨테이너 선박들이 입항을 하지 못하고 바깥에서 대기해야 하는 일이 종종 벌어지지. 이런 문제를 해결하기 위해 생각해 낸 방법이 모바일 항구로 이름대로 항구가 움직이는 거란다."

"항구가요? 우와! 움직이는 안벽에서, 이제 움직이는 항구까지 등장하는군요. 그런데 항구는 어떻게 움직이죠?"

"항구 바깥의 컨테이너선이 입항할 수 있을 때까지 무작

정 기다리는 것이 아니라 항구 바깥에서 작은 배에 하역할 수 있도록 해서 하역을 마친 컨테이너선은 다음 항해지로 떠나게 하는 방법이지."

"파도가 출렁이는 바다에서 배에서 배로 하역하는 것이 가능해요?"

"방파제의 보호를 받지 못하니까 파도가 심하면 하역 작업을 하기가 어렵지. 하지만 파도가 치는 바다 위에서 짐을 싣고 내리게 하는 것이 바로 모바일 항구의 핵심 기술이라 할 수 있단다. 컴퓨터로 선박을 조종해서 일정한 위치에서 움직이지 않도록 하는 것이지."

"와, 고도의 기술이 필요하겠는데요."

"꽤 까다로운 기술이라 아직 실용화되지는 못했지만 모바일 항구가 실현되면 선박의 대기 시간을 크게 줄일 수 있어 효율성은 높아질 거야."

"흠, 역시 미래 항구의 관심은 효율이로군요. 그런데 모바일 항구도 아직이라면……."

"하하하, 하지만 방파제 바깥에서 하역 작업을 할 생각을 했다는 것만으로도 미래의 항구에 한 걸음 다가간 것이라 할 수 있지 않을까? 지금까지 사람들 머릿속의 항구란 반드

모바일 항구

시 방파제가 있어야 하고 화물을 싣고 내릴 수 있는 안벽이 있어야 하는 곳이었으니까."

"네. 그런 고정관념을 갖고 있었지요."

"그래. 바로 그 고정관념, 일반적이라고 생각하는 것을 뛰어넘어야만 미래의 항구를 탄생시킬 수 있는 거란다. 끊임없이 새로운 생각을 하고 꿈을 꾸어야 언젠가는 그 상상을 초월하는 미래가 실현될 수 있을 테니까."

"그래서 창의력, 창의력 하는 거로군요. 변화의 시작이라서……. 삼촌, 그럼 공상과학소설에 나오는 해저 항구 같은 것도 만들 수 있을까요?"

"물론이지. 해저 도시 연구와 더불어 실제로 진행되고 있는 연구란다."

"와, 정말이요? 빨리 실현되어 직접 볼 수 있었으면 좋겠어요."

"천 리 길도 한걸음부터라는 말이 있잖니. 무엇이든 기초부터 착실하게 다지다 보면 도달할 수 있겠지. 항구를 안정적으로 건설하려면 우선 거센 파도를 막는 것이 기본인데 현재의 기술로는 방파제 외에는 특별한 방법이 없는 셈이지. 아마 방파제 없이 파도를 막을 수 있는 새롭고 근본적인 기술이 개발되지 않는다면 미래의 항구도 현재의 항구 모습에서 크게 변화하지 못할 거야. 그런데 생각을 바꿔서 지금까지 수동적으로 파도를 막는 방법만 연구해 왔다면 이젠 '아예 파도가 생기지 않게 할 수는 없을까?'를 고민하다 보면 새로운 가능성이 열리지 않겠니?"

"그게 바로 창의적인 생각이네요. 발상의 전환!"

"그렇지! 예전에 누가 감히 인간이 달 표면에 발자국을 찍을 거라고 상상이나 했겠어. 그러나 누군가는 그런 꿈을 꾸었고 결국에는 그 꿈을 실현시켰잖니. 바다라고 예외는 아니겠지. 실제 바다에서는 수심 20미터 이상 내려가면 아무리 파도가 거세도 느낄 수가 없단다. 이 점을 이용해 누군가 꿈을 꾸고 끊임없이 연구한다면 언젠가는 해저 도시, 해저 항구의 꿈을 현실로 실현시킬 수 있겠지. 인간의 잠재력은 무궁무진하니까 말이야."

"그렇게 꿈꾸고 노력하다 보면 언젠가는 수천 년간 이어온 지금의 항구와는 전혀 다른 새로운 개념의 항구를 건설할 수도 있겠네요."

"하하하하, 그건 바로 너희들의 몫이지."

"아, 맞다! 경진대회 탐구 과제에 미래의 항구 내용을 보태면 훨씬 짜임새가 있겠는데요."

"녀석, 온통 경진대회 생각뿐이구나."

"하하하, 제가 그랬나요? 경진대회에 나가기 위해 시작하기는 했지만 항구에 대해 많은 걸 배울 수 있었어요. 고맙습니다, 삼촌."

"도움이 되었다니 다행이구나."

"이미 보고서 제목도 정했어요. 『배는 어디에서 자나요?』 어때요?"

"오! 근사한데!"

"이제 삼촌이랑 공부한 걸 정리하기만 하면 돼요. 최선을 다해서 해 볼게요.”

“그래, 결과도 중요하지만 그보다는 최선을 다해 노력하는 과정이 더 소중한 거란다. 조사하고 서로 이야기하며 공부하는 동안 우리들 가까이에 있지만 무심코 지나쳐 왔던 항구가 어떻게 만들어지고 그 안에 어떤 과학적 사실들이 적용되어 있는지 알게 되었잖니.”

“또 있어요. 제 꿈 목록도 다양해졌어요.”

“그렇구나. 이번 과학탐구활동 경진대회도 그렇고, 꿈 목록 실천도 그렇고 우리 조카 파이팅!!”

“헤헤헤, 고맙습니다.”

사진과 그림에 도움 주신 분들

건일엔지니어링, 부산 북항 재개발 조감도 139쪽
농림수산식품부 강릉사무소, 속초 대포항 재개발 조감도 139쪽
삼성물산, 일본의 소파블록 현장 107쪽
세광종합기술단, 소파블록의 종류 106쪽, 케이슨의 종류 114쪽
SK건설, 포항 영일만 친수 방파제 133쪽
연합뉴스, 쓰나미 피해 123쪽
정병순, 전남 여수시 안도항의 항내 파고 계산 수치모델 90쪽
현대건설, 인천 친수 방파제 134쪽

참고 문헌

항만건설기술, 삼성건설 토목사업본부, 2006.
해수교환 방파제 실용화 연구, 해양수산부, 1998~2000.
바다의 맥박, 조석이야기, 이상룡 · 이석, 지성사, 2008.